KB211037

유비쿼터스
스마트 농수산업

이정완 지음

Ubiquitous

유비쿼터스 스마트 농수산업

Smart Agriculture

미래는 이제 우리의 손안에 있습니다. 스마트 농수산업의 길을 함께 걸어가며, 지속 가능한 발전과 혁신을 통해 새로운 가능성을 탐구해 나갑시다. 이 책이 여러분의 스마트 비즈니스 여정에 큰 도움이 되기를 기원합니다

_프롤로그 중에서

좋은땅

‖목차‖

제4장. 스마트 수산업 기술의 적용

제5장. 지속 가능한 스마트 농수산업

제6장. 해외 성공 사례

제7장. 스마트 농수산업 경영 전략

제8장. 스마트 농수산업의 미래와 도전 과제

프롤로그

세계는 현재, 기술과 혁신이 지배하는 시대에 접어들었습니다. 이러한 변화의 흐름 속에서 농수산업 또한 거대한 변화를 겪고 있습니다. 오래된 전통과 지혜의 집합체인 농수산업이 새로운 기술의 물결에 의해 재편되고 있는 지금, 우리는 더 나은 미래를 꿈꾸며 이 혁신의 최전선에서 새로운 길을 모색하고 있습니다. 『유비쿼터스 스마트 농수산업』은 바로 이 혁신의 중심에서 미래를 준비하는 모든 이들에게 길을 제시하고자 하는 책입니다.

농수산업은 인류의 식량을 책임지는 중대한 역할을 하고 있습니다. 그러나 인구 증가와 기후 변화, 자원 부족 등의 복합적 문제는 이 산업에 큰 도전 과제를 안기고 있습니다. 기존의 방식으로는 이러한 문제를 해결할 수 없다는 사실을 우리는 이미 알고 있습니다. 이제는 스마트 농수산업, 즉 최신 기술과 혁신을 활용한 새로운 접근이 필요합니다. 이 책은 이러한 변화의 흐름을 이해하고, 그에 맞춰 전략적으로 대응할 수 있는 구체적이고 실질적인 가이드를 제공하고자 합니다.

스마트 농수산업은 단순히 기술을 도입하는 것을 넘어, 기존의 산업 구조와 운영 방식을 근본적으로 변화시키는 과정을 포함합니다. 빅데이터와 인공지능(AI), IoT(사물인터넷), 로봇 공학 등 첨단 기술들이 농수산업의 현장을 어떻게 바꾸어 놓고 있는지 살펴보는 것은 이 책의 핵심 중 하나입니다. 이를 통해 우리는 생산성 향상, 자원 관리의 효율성, 그리고 환경 보호와 같은 목표를 어떻게 달성할 수 있는지를 배우게 될 것입니다.

이 책의 장을 열며, 우리는 먼저 데이터 기반 의사 결정의 중요성을 강조할 것입니다. 농수산업에서의 데이터 분석은 단순한 수치의 집합이 아닙니다. 그것은 농업의 현재와 미래를 예측할 수 있는 강력한 도구입니다. 실시간으로 수집된 데이터는 우리가 언제, 어디서, 어떻게 자원을 활용할 것인지에 대한 인사이트를 제공하며, 이를 통해 운영의 효율성을 극대화할 수 있습니다.

다음으로, 디지털 마케팅과 브랜드 구축을 통해 시장에서의 경쟁력을 어떻게 강화할 수 있는지에 대해 논의할 것입니다. 오늘날의 시장에서는 브랜드 인지도가 경쟁력의 핵심 요소로 작용합니다. 소셜 미디어와 검색엔진 최적화(SEO), 콘텐츠 마케팅 등 디지털 전략을 통해 어떻게 소비자와의 관계를 강화하고, 브랜드를 확립할 수 있는지를 구체적으로 제시할 것입니다.

고객 관리 및 CRM 시스템은 또 다른 중요한 주제입니다. 고객의 요구를 파악하고, 맞춤형 서비스를 제공하는 것은 비즈니스의 성공에 있어 필수적인 요소입니다. CRM 시스템을 활용하여 고객의 행동과 선호를 분석하고, 장기적인 관계를 구축하는 방법을 상세히 다룰 것입니다. 이를 통해 고객 만족도를 높이고, 충성도를 극대화할 수 있는 전략을 소개하겠습니다.

위기 관리와 리스크 대응은 또 다른 중요한 논의 주제입니다. 농수산업은 기후 변화, 시장의 불확실성, 재해 등 다양한 리스크에 직면해 있습니다. 이러한 상황에서 신속하게 대응하고 리스크를 최소화하는 전략은 기업의 안정성과 지속 가능성을 확보하는 데 필수적입니다. 비상 대응 계획, 리스크 평가 방법, 위기 커뮤니케이션 전략 등을 통해 기업이 위기에 효과적으로 대응할 수 있는 방안을 제시할 것입니다.

미래 기술 전망은 이 책의 또 다른 중요한 부분입니다. 인공지능, 유전자 변형, 지속 가능한 기술 등 다양한 미래 기술들이 농수산업에 미칠 영향과 그 발전 방향을 예측할 것입니다. 이들 기술은 우리가 상상할 수 있는 것 이상으로 산업의 미래를 변화시킬 것입니다. 이를 이해하고 준비하는 것은 경쟁력 있는 기업을 만드는 데 결정적인 요소가 될 것입니다.

기후 변화와 환경적 도전은 우리가 해결해야 할 또 하나의 중대한 과제입니다. 기후 변화는 자원 부족, 기온 상승 등 다양한 문제를 야기하고 있습니다. 이러한 문제를 해결하기 위한 기술적 접근과 정책적 대응 방안을 모색하며, 환경을 보호하면서도 생산성을 유지하는 방법을 논의할 것입니다.

글로벌 시장 확장과 무역 전략은 국제 무대에서의 성공적인 비즈니스 모델을 제시하는 중요한 내용입니다. 국제 규정, 무역 장벽, 글로벌 네트워크 구축 등을 통해 국제 시장 진출을 위한 전략적 접근을 다루며, 글로벌 경쟁에서 성공하기 위한 방법을 제시할 것입니다.

또한, 혁신적 파트너십과 협력 모델에 대해서도 논의할 것입니다. 기업 간 협력, 연구 기관과의 협업, 업계 네트워크 형성 등을 통해 혁신을 촉진하는 방법을 제시하며, 성공적인 협력 사례를 통해 효과적인 파트너십 전략을 공유할 것입니다.

이 책은 스마트 농수산업의 모든 측면을 포괄적으로 다루며, 이 분야의 최신 동향과 혁신적인 접근법을 통해 창업자와 경영자들에게 실질적인 도움을 주고자 합니다. 스마트 농수산업의 미래를 선도할 준비가 된 여러분을 위해 이 책이 안내자가 되기를 바라며, 농수산업의 새로운 시대를 함께 열어 가기를 기대합니다.

미래는 이제 우리의 손안에 있습니다. 스마트 농수산업의 길을 함께 걸어가며, 지속 가능한 발전과 혁신을 통해 새로운 가능성을 탐구해 나갑시다. 이 책이 여러분의 스마트 비즈니스 여정에 큰 도움이 되기를 기원합니다.

제1장

스마트 농수산업의 이해

Ubiquitous Smart Agriculture

스마트 농업과 수산업의 개념

스마트 농업과 수산업은 기술의 발전에 힘입어 식량 생산과 자원 관리 방식을 획기적으로 변화시키고 있습니다. 이 절에서는 스마트 농업과 수산업의 정의를 명확히 하고, IoT(사물인터넷), 데이터 분석, 자동화 기술이 이들 산업의 운영 방식을 어떻게 변화시키는지에 대해 체계적으로 살펴보겠습니다. 또한, 이러한 기술들이 생산성과 품질을 어떻게 개선하는지 구체적인 예를 통해 설명하겠습니다.

제1항. 스마트 농업의 개념과 혁신

스마트 농업은 기술을 활용하여 농업의 생산성, 효율성, 그리고 자원 관리를 최적화하는 접근 방식을 의미합니다. 전통적인 농업 방식은 주로 경험과 직관에 의존해 왔지만, 스마트 농업은 데이터와 기술을 기반으로 보다 정밀하고 과학적인 농업 관리가 가능하도록 합니다.

가. IoT(사물인터넷)와 스마트 농업

IoT는 농업 분야에서 중요한 역할을 합니다. IoT 기술은 다양한 센서와 장비를 통해 실시간으로 데이터를 수집하고, 이를 네트워크를 통해 연결하여 분석하는 시스템을 말합니다. 스마트 농장에서 IoT 기술은 다음과 같이 활용됩니다.

- **토양 및 환경 모니터링:** IoT 센서는 토양의 수분, 온도, pH 등 다양한 환경 요소를 측정합니다. 예를 들어, 미국의 스마트 농장에서는 토양 센서를 통해 실시간으로 토양의 상태를 모니터링하고, 이를 바탕으로 최적의 관개 시점과 비료 배급 계획을 수립합니다. 이러한 정밀한 데이터는 농업의 효율성을 크게 향상시킵니다.
- **작물 건강 관리:** IoT 기술을 통해 작물의 생장 상태를 지속적으로 모니터링할 수 있습니다. 드론을 이용한 공중 촬영이나 센서로 얻은 데이터를 분석하여 병해충의 발생을 조기에 감지하고, 적절한 대응 조치를 취할 수 있습니다. 이로 인해 농작물의 건강을 보다 효과적으로 관리할 수 있습니다.

나. 데이터 분석의 역할

데이터 분석은 스마트 농업의 핵심 기술입니다. 수집된 데이터를 분석하여 농업 운영의 의사 결정을 지원합니다. 데이터 분석의 주요 응용 분야는 다음과 같습니다.

- **생장 예측:** 농작물의 성장 패턴을 분석하여 수확 시점을 예측합니다. 예를 들어, 특정 지역의 기후 데이터와 작물 성장 데이터를 결합하여 최적의 수확 시점을 결정함으로써 수확량을 극대화할 수 있습니다.

- **자원 관리:** 수자원과 비료 사용을 최적화하기 위해 데이터 분석을 활용합니다. 예를 들어, 기상 데이터와 토양 상태를 분석하여 필요한 양의 물과 비료를 정확하게 조절함으로써 자원 낭비를 줄이고 비용을 절감할 수 있습니다.

다. 자동화 기술의 적용

자동화 기술은 농업의 효율성을 높이고 노동력을 절감하는 데 기여합니다. 주요 적용 사례는 다음과 같습니다.

- **자동 급수 시스템:** 토양의 수분 상태를 감지하여 필요한 양의 물을 자동으로 공급합니다. 이러한 시스템은 물의 낭비를 줄이고, 작물의 생장을 최적화합니다.
- **드론과 로봇:** 드론을 활용하여 넓은 농장을 정밀하게 모니터링하고, 농작물에 대한 정확한 정보를 제공합니다. 또한, 로봇 기술을 이용하여 자동으로 농약을 살포하거나 수확을 수행할 수 있습니다.
- **정밀 농업:** 정밀 농업은 드론과 센서를 활용하여 농작물의 상태를 세밀하게 모니터링하고, 이를 바탕으로 맞춤형 농업 관리가 이루어집니다. 예를 들어, 세계적인 농업 기술 기업인 몬산토는 정밀 농업 기술을 통해 데이터 기반의 농업 솔루션을 제공하며, 작물의 생산성과 품질을 극대화하고 있습니다.

제2항. 스마트 수산업의 개념과 혁신

스마트 수산업은 기술을 활용하여 수산업의 운영을 혁신하고, 자원 관리를 최적화하는 접근 방식을 의미합니다. 스마트 수산업의 핵심 기술로는 IoT, 데이터 분석, 자동화가 있으며, 이들은 수산업의 생산성과 지속 가능성을 높이는 데 중요한 역할을 합니다.

가. IoT(사물인터넷)와 스마트 수산업

IoT는 수산업에서 수중 환경을 실시간으로 모니터링하는 데 활용됩니다. 주요 응용 분야는 다음과 같습니다.

- **수중 환경 모니터링:** 수산 양식장에 설치된 센서는 수온, 염도, 산소 농도 등의 데이터를 수집합니다. 이러한 데이터는 양식장의 환경을 최적화하는 데 사용됩니다. 예를 들어, 노르웨이의 양식장에서는 IoT 센서를 통해 수온과 염도 상태를 실시간으로 모니터링하고, 이를 바탕으로 어류의 생장에 적합한 환경을 유지합니다.
- **양식장의 건강 관리:** IoT 기술을 통해 양식장의 건강 상태를 모니터링하고, 어류의 질병 징후를 조기에 감지할 수 있습니다. 센서와 카메라를 활용하여 어류의 행동 패턴을 분석하고, 이를 통해 질병의 조기 발견과 예방 조치를 취할 수 있습니다.

나. 데이터 분석의 역할

데이터 분석은 스마트 수산업의 핵심 요소로, 해양 생태계의 변화를 예측하고 어획량을 조절하는 데 사용됩니다. 주요 응용 분야는 다음과 같습니다.

- **어획량 예측:** 해양 환경 데이터를 분석하여 어류의 이동 경로와 집단의 위치를 예측합니다. 예를 들어, 어류의 서식 환경과 생태 데이터를 분석하여 어획량을 예측하고, 이를 통해 자원의 지속 가능한 관리를 지원합니다.
- **환경 변화 분석:** 해양 환경의 변화를 분석하여 장기적인 생태계의 건강 상태를 평가합니다. 예를 들어, 해양 온도 변화와 염도 변동 데이터를 분석하여 생태계의 변화를 모니터링하고, 이를 통해 지속 가능한 수산업 운영을 지원합니다.

다. 자동화 기술의 적용

자동화 기술은 수산업의 운영 효율성을 높이는 데 기여합니다. 주요 응용 사례는 다음과 같습니다.

- **자동 피딩 시스템:** 자동 피딩 시스템은 어류의 생장 상태와 환경 데이터를 바탕으로 필요한 양의 사료를 자동으로 공급합니다. 이러한 시스템은 사료의 낭비를 줄이고, 어류의 건강을 최적화합니다.
- **해양 드론과 로봇:** 해양 드론과 로봇을 활용하여 수중 조사를 수행하고, 양식장을 정기적으로 점검합니다. 예를 들어, 해양 드론은 수중 환경을 정밀하게 촬영하고, 이를 바탕으로 양식장의 상태를 점검하며, 문제를 조기에 발견할 수 있습니다.

- **스마트 양식:** 스마트 양식은 자동화된 시스템과 데이터 분석을 활용하여 어류 양식을 최적화하는 방법입니다. 일본의 스마트 양식 기업은 IoT 센서와 AI 기술을 이용하여 어류의 건강 상태를 실시간으로 모니터링하고, 이를 바탕으로 최적의 양식 환경을 유지하여 생산성을 높이고 있습니다.

제3항. 요약 정리

가. 결론

스마트 농업과 수산업은 기술의 발전에 따라 기존의 운영 방식을 혁신적으로 변화시키고 있습니다. IoT, 데이터 분석, 자동화 기술은 이들 산업의 핵심 요소로 자리잡아, 생산성과 품질을 크게 향상시키고 있습니다. 이러한 기술들은 단순한 도구를 넘어서, 우리의 식량과 자원을 보다 효율적이고 지속 가능한 방식으로 관리하는 데 중요한 역할을 하고 있습니다.

스마트 농수산업의 미래는 기술의 진보와 함께 더욱 밝아질 것이며, 이 여정에 참여하는 모든 이들에게 새로운 기회와 도전을 제공할 것입니다. 이 책이 제시한 스마트 농수산업의 개념과 혁신적인 기술들이 독자들에게 통찰과 영감을 주어, 보다 나은 농업과 수산업의 미래를 여는 데 기여하길 바랍니다.

나. 추가 학습 질문

Q1: 스마트 농업과 수산업에서 IoT 기술의 구체적인 활용 사례를 추가

로 설명해 주세요.

Q2: 데이터 분석이 농업과 수산업에서 의사 결정에 어떻게 기여하는지 구체적인 예를 들어 설명해 주세요.

Q3: 자동화 기술이 농업과 수산업에서의 생산성과 효율성에 미치는 영향을 더 상세히 분석해 주세요.

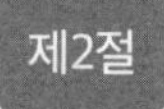

기술 혁신의 역사

수산업은 인류의 식량 공급을 책임지는 중요한 산업 분야로, 그 발전 과정에서 다양한 기술 혁신이 이뤄졌습니다. 이 절에서는 수산업에서의 주요 기술 혁신을 역사적으로 정리하고, 각 기술이 산업에 미친 영향을 분석합니다. 기계화, 자동화, 디지털화의 도입 과정을 살펴보며, 이러한 기술들이 어떻게 생산성 변화를 이끌어냈고 산업 발전에 기여했는지를 자세히 설명하겠습니다.

제1항. 기계화의 도입과 그 영향

가. 기계화의 시작

기계화는 19세기 후반부터 20세기 초반에 걸쳐 수산업에 도입된 혁신적인 변화였습니다. 이 시기의 기계화는 주로 선박과 관련된 기술 발전으로 이루어졌습니다. 초기의 전통적인 수산업은 수작업과 인간의 노동에 의존했으나, 기계화는 이 과정을 크게 변화시켰습니다.

- **증기선의 도입:** 증기선의 도입은 수산업에 중요한 전환점을 가져왔

습니다. 증기선은 더 빠르고 안정적인 어획 작업을 가능하게 했으며, 넓은 해역을 탐색할 수 있는 능력을 제공했습니다. 이는 어획량의 증가와 함께 어업의 범위를 확장시키는 계기가 되었습니다.

- **기계식 어망:** 기계식 어망의 도입 또한 수산업의 혁신적인 변화 중 하나입니다. 전통적인 어망은 수작업으로 제작되었으나, 기계식 어망은 더욱 정밀하게 설계될 수 있었고, 대량 생산이 가능했습니다. 이로 인해 어획 효율성이 크게 증가하였고, 어업의 생산성이 향상되었습니다.

나. 기계화의 산업적 영향

기계화는 수산업의 생산성을 높이는 데 기여했습니다. 증기선과 기계식 어망의 도입으로 인해 어획량이 크게 증가하였고, 어업의 작업 효율성이 개선되었습니다. 또한, 기계화는 어업의 범위를 넓히는 데 중요한 역할을 했습니다. 넓은 해역을 탐색할 수 있는 능력 덕분에 수산업은 새로운 어획지를 발견하고, 자원의 이용 가능성을 확대할 수 있었습니다.

제2항. 자동화의 도입과 그 변화

가. 자동화 기술의 발전

자동화 기술의 도입은 20세기 중반부터 수산업에 본격적으로 이루어졌습니다. 자동화는 노동력을 절감하고 작업 효율성을 높이는 데 중점을 두었습니다. 주요 자동화 기술의 발전은 다음과 같습니다.

- **자동 선박과 조타 시스템:** 자동화된 선박과 조타 시스템은 어선의 운항을 보다 정밀하게 제어할 수 있게 해 주었습니다. 이러한 시스템은 항해 경로를 자동으로 조정하고, 수집된 데이터를 바탕으로 최적의 항로를 제시함으로써 어획 효율성을 높였습니다.
- **자동 피딩 시스템:** 양식장에서의 자동 피딩 시스템은 어류의 생장 상태에 따라 필요한 양의 사료를 자동으로 공급합니다. 이는 사료의 낭비를 줄이고, 어류의 건강 상태를 최적화하는 데 기여했습니다.

나. 자동화의 산업적 영향

자동화 기술의 도입은 수산업의 작업 방식에 큰 변화를 가져왔습니다. 자동화된 시스템은 인력의 부담을 줄이고, 작업의 일관성을 높이며, 효율성을 극대화했습니다. 특히, 자동 피딩 시스템과 선박 자동화 기술은 양식장과 어선의 운영을 보다 정밀하게 조절할 수 있게 했습니다. 이로 인해 어획량의 증가와 자원의 효율적인 이용이 가능해졌습니다. 또한, 자동화 기술은 수산업의 안전성을 향상시켰습니다. 자동화된 시스템은 인간의 실수를 줄이고, 위험한 작업 환경에서도 안전하게 작업을 수행할 수 있도록 지원했습니다.

제3항. 디지털화의 도입과 그 혁신

가. 디지털화의 진전

디지털화는 21세기 초반부터 수산업에 급속하게 도입되었습니다. 디지털 기술의 발전은 데이터의 수집, 분석, 저장 방식을 혁신적으로 변화시켰습니다. 주요 디지털화 기술의 진전은 다음과 같습니다.

- **데이터 수집과 분석:** 디지털 센서와 데이터 수집 장비를 통해 수산업에서는 실시간으로 데이터를 수집할 수 있습니다. 수중 센서, GPS 장비, 데이터 로거 등을 활용하여 해양 환경 데이터를 정밀하게 수집하고, 이를 분석하여 어획량과 환경 변화를 예측할 수 있습니다.
- **모바일 기술과 클라우드 컴퓨팅:** 모바일 기술과 클라우드 컴퓨팅은 수산업의 정보 접근성을 높였습니다. 모바일 기기를 통해 실시간으로 데이터를 확인하고, 클라우드 서버를 통해 대량의 데이터를 저장하고 분석할 수 있게 되었습니다. 이로 인해 수산업의 운영이 더욱 효율적이고 유연해졌습니다.

나. 디지털화의 산업적 영향

디지털화는 수산업의 운영 방식을 근본적으로 변화시켰습니다. 디지털 기술의 도입으로 인해 다음과 같은 산업적 변화가 있었습니다.

- **정밀한 환경 관리:** 디지털 센서와 데이터 분석을 통해 수중 환경을 정밀하게 관리할 수 있게 되었습니다. 이는 양식장의 환경 조건을 최적화하고, 어류의 생장과 건강을 개선하는 데 기여했습니다.
- **예측과 계획의 개선:** 데이터 분석을 통해 어획량을 예측하고, 자원의 이용 계획을 보다 과학적으로 수립할 수 있습니다. 이는 자원의 지속 가능한 관리를 지원하며, 과잉 어획을 방지하는 데 중요한 역할을 합니다.

- **운영의 효율성 향상:** 모바일 기술과 클라우드 컴퓨팅은 정보의 접근성과 처리 속도를 높였습니다. 이를 통해 수산업의 운영 효율성이 향상되고, 실시간 의사 결정이 가능해졌습니다.

제4항. 요약 정리

가. 결론

수산업의 기술 혁신은 기계화, 자동화, 디지털화의 각 단계를 거치면서 산업의 생산성과 효율성을 크게 향상시켰습니다. 기계화는 어획량과 작업 효율성을 증가시켰고, 자동화는 노동력을 절감하고 작업의 일관성을 높였으며, 디지털화는 데이터 기반의 정밀 관리와 예측을 가능하게 했습니다. 이러한 기술들은 수산업의 발전에 중요한 기여를 하였으며, 앞으로도 지속적인 혁신을 통해 산업의 미래를 열어 갈 것입니다.

기술 혁신은 수산업의 발전을 이끌어 온 주요 원동력으로, 앞으로도 새로운 기술의 도입과 발전이 산업에 미치는 영향을 주의 깊게 살펴볼 필요가 있습니다. 이 책을 통해 제시된 기술 혁신의 역사는 수산업의 현재와 미래를 이해하는 데 중요한 통찰을 제공하며, 향후 발전 방향을 모색하는 데 도움이 될 것입니다.

나. 추가 학습 질문

Q1: 기계화가 수산업의 초기 발전에 미친 구체적인 영향을 추가로 설명해 주세요.

Q2: 자동화 기술의 도입이 수산업의 생산성과 효율성에 미친 영향을 더 상세히 분석해 주세요.

Q3: 디지털화가 수산업의 관리와 예측에 어떻게 기여하는지 구체적인 사례를 들어 설명해 주세요.

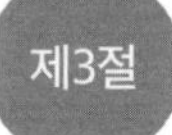

글로벌 트렌드

스마트 농수산업은 기술의 발전과 함께 빠르게 변화하는 분야입니다. 각국은 자국의 자원과 환경에 맞춰 다양한 접근법을 통해 스마트 농수산업을 혁신하고 있으며, 이러한 글로벌 트렌드는 향후 농업과 수산업의 미래를 형성하는 중요한 지표가 되고 있습니다. 이 절에서는 전세계 스마트 농수산업의 최신 트렌드를 분석하고, 미국, 네덜란드, 일본 등 선진국의 성공 사례를 통해 글로벌 시장에서의 최신 기술과 혁신적인 적용 방법을 소개하며, 이러한 트렌드를 통해 얻을 수 있는 인사이트를 제공하겠습니다.

제1항. 스마트 농업의 글로벌 트렌드

스마트 농업의 발전은 기술의 진보와 함께 다양한 혁신을 이루어냈습니다. 세계적으로 스마트 농업의 최신 트렌드는 다음과 같습니다.

가. 정밀 농업의 확산

정밀 농업(Precision Agriculture)은 농작물의 생육 환경을 데이터 기반으로 관리하여 최적의 생산성을 달성하는 접근법입니다. 정밀 농업의 최신 트렌드는 다음과 같습니다.

- **드론과 항공 촬영:** 드론 기술을 활용한 항공 촬영은 작물의 생육 상태를 모니터링하고, 병해충의 조기 발견을 가능하게 합니다. 예를 들어, 미국의 농업 기업들은 드론을 통해 넓은 농장을 정밀하게 관찰하고, 데이터를 수집하여 농작물의 상태를 분석합니다. 이러한 접근법은 작물의 생산성을 크게 향상시킵니다.
- **AI와 머신러닝의 활용:** 인공지능(AI)과 머신러닝 기술은 농업 데이터의 분석과 예측에 활용됩니다. 예를 들어, 네덜란드의 스마트 농업 기업은 AI를 통해 작물의 성장 패턴을 예측하고, 최적의 재배 조건을 제시합니다. 이러한 기술은 농업의 효율성을 높이고, 자원 낭비를 줄이는 데 기여합니다.

나. 지속 가능한 농업의 강화

지속 가능한 농업(Sustainable Agriculture)은 환경 보호와 자원 관리를 중심으로 한 농업 접근법입니다. 최신 트렌드는 다음과 같습니다.

- **환경 친화적인 비료와 농약:** 농업에서의 환경 영향을 줄이기 위해 친환경 비료와 농약의 사용이 증가하고 있습니다. 예를 들어, 미국의 농업 연구 기관들은 유기농 비료와 자연 기반의 농약을 개발하여 환경에 미치는 영향을 최소화하고 있습니다.
- **물 관리 기술의 발전:** 스마트 관개 시스템과 물 재활용 기술이 도입되어 물 자원의 효율적인 관리를 지원합니다. 네덜란드의 농업 기업

들은 정밀 관개 시스템을 통해 필요한 양의 물만을 공급함으로써 물 낭비를 줄이고, 농작물의 생장을 최적화하고 있습니다.

제2항. 스마트 수산업의 글로벌 트렌드

스마트 수산업도 기술의 발전과 함께 빠르게 변화하고 있습니다. 글로벌 트렌드는 다음과 같습니다.

가. 자동화와 IoT 기술의 도입

자동화와 IoT 기술은 수산업의 운영 방식을 혁신하고 있습니다. 최신 트렌드는 다음과 같습니다.

- **스마트 양식 시스템:** 스마트 양식 시스템은 자동화된 피딩, 환경 모니터링, 데이터 분석 등을 포함합니다. 예를 들어, 일본의 양식장에서는 IoT 센서를 통해 수중 환경을 실시간으로 모니터링하고, 자동화된 시스템으로 어류의 건강 상태를 관리합니다. 이러한 시스템은 양식장의 효율성을 크게 향상시키고 있습니다.
- **해양 드론과 로봇:** 해양 드론과 로봇을 활용하여 수중 환경을 조사하고, 양식장을 정기적으로 점검합니다. 일본의 해양 연구 기관들은 해양 드론을 통해 해양 생태계를 정밀하게 조사하고, 이를 바탕으로 지속 가능한 수산업 운영을 지원하고 있습니다.

나. 데이터 기반의 수산 자원 관리

데이터 분석을 통한 수산 자원 관리는 스마트 수산업의 핵심 요소로 자리잡고 있습니다. 최신 트렌드는 다음과 같습니다.

- **해양 데이터 분석:** 해양 환경 데이터의 분석을 통해 어획량 예측과 자원 관리를 지원합니다. 예를 들어, 미국의 해양 연구 기관은 대량의 해양 데이터를 분석하여 어획량을 예측하고, 자원의 지속 가능한 이용을 위한 정책을 수립합니다.
- **지속 가능한 어획 기술:** 지속 가능한 어획 기술은 자원의 과잉 어획을 방지하고, 생태계의 균형을 유지하는 데 중점을 둡니다. 네덜란드의 수산업 기업들은 데이터 기반의 어획 기술을 활용하여 자원의 지속 가능한 관리를 실현하고 있습니다.

제3항. 선진국의 성공 사례 분석

가. 미국의 스마트 농업과 수산업

미국은 스마트 농업과 수산업 분야에서 선도적인 기술을 도입하고 있으며, 그중 몇 가지 성공 사례는 다음과 같습니다.

- **스마트 농업:** 미국의 농업 기업들은 드론을 활용한 정밀 농업과 AI 기반의 데이터 분석을 통해 농작물의 생산성과 품질을 향상시키고 있습니다. 예를 들어, 몬산토는 정밀 농업 기술을 통해 농작물의 생장 패턴을 예측하고, 최적의 재배 조건을 제시하여 농업의 효율성을 높이고 있습니다.

- **스마트 수산업:** 미국의 해양 연구 기관들은 IoT 기술과 데이터 분석을 통해 지속 가능한 수산업 운영을 지원하고 있습니다. 예를 들어, NOAA(National Oceanic and Atmospheric Administration, 국립해양대기청)는 해양 데이터를 수집하고 분석하여 자원의 지속 가능한 이용을 위한 정책을 수립하고 있습니다.

나. 네덜란드의 스마트 농업과 수산업

네덜란드는 스마트 농업과 수산업 분야에서 혁신적인 접근법을 채택하고 있으며, 주요 성공 사례는 다음과 같습니다.

- **스마트 농업:** 네덜란드는 정밀 농업과 환경 친화적인 농업 기술을 적극적으로 도입하고 있습니다. 예를 들어, 네덜란드의 농업 기업들은 정밀 관개 시스템을 통해 물 자원을 효율적으로 관리하고, AI를 활용하여 농작물의 생장 상태를 예측하고 있습니다.
- **스마트 수산업:** 네덜란드의 수산업 기업들은 데이터 기반의 자원 관리와 자동화된 시스템을 도입하여 양식장의 효율성을 높이고 있습니다. 예를 들어, 네덜란드의 양식장에서는 자동화된 피딩 시스템과 IoT 센서를 활용하여 어류의 건강 상태를 관리하고, 자원의 지속 가능한 이용을 실현하고 있습니다.

다. 일본의 스마트 농업과 수산업

일본은 스마트 농업과 수산업 분야에서 높은 기술력을 보유하고 있으며, 주요 성공 사례는 다음과 같습니다.

- **스마트 농업:** 일본의 농업 기업들은 드론과 IoT 기술을 활용하여 농작물의 상태를 정밀하게 모니터링하고, 최적의 농업 관리 방법을 제시하고 있습니다. 예를 들어, 일본의 농업 기업은 드론을 통해 농작물의 생장 상태를 실시간으로 분석하고, 이를 바탕으로 맞춤형 농업 관리 솔루션을 제공합니다.
- **스마트 수산업:** 일본의 양식장에서는 자동화된 시스템과 데이터 분석을 통해 어류의 건강 상태를 실시간으로 관리하고 있습니다. 예를 들어, 일본의 해양 연구 기관은 해양 드론과 로봇을 활용하여 수중 환경을 조사하고, 이를 바탕으로 지속 가능한 수산업 운영을 지원하고 있습니다.

제4항. 요약 정리

가. 결론

글로벌 스마트 농수산업의 최신 트렌드는 기술의 발전과 함께 지속적으로 변화하고 있습니다. 정밀 농업, 지속 가능한 농업, 자동화와 IoT 기술, 데이터 기반의 자원 관리 등은 전세계적으로 공통적으로 나타나는 주요 트렌드입니다. 미국, 네덜란드, 일본 등의 선진국들은 이러한 기술들을 혁신적으로 적용하여 농업과 수산업의 생산성과 효율성을 높이고 있으며, 각국의 성공 사례는 글로벌 시장에서의 최신 기술과 혁신적인 접근법을 제시하고 있습니다.

이 책을 통해 제시된 글로벌 트렌드는 스마트 농수산업의 미래를 이해하는 데 중요한 통찰을 제공하며, 각국의 사례를 통해 혁신적인 접근법을 배우고, 이를 바탕으로 자국의 농업과 수산업을 발전시키는 데 도움이 될 것입니다. 스마트 농수산업의 발전은 기술의 진보와 함께 지속적으로 이루어질 것이며, 이러한 발전에 따라 새로운 기회와 도전이 기다리고 있습니다.

나. 추가 학습 질문

Q1: 각국의 스마트 농수산업 성공 사례에서 공통적으로 나타나는 혁신적인 기술이나 접근법은 무엇인가요?

Q2: 정밀 농업과 지속 가능한 농업의 적용 사례를 통해 얻을 수 있는 교훈은 무엇인가요?

Q3: 스마트 수산업의 데이터 기반 자원 관리가 실제 운영에 미치는 영향을 구체적으로 설명해 주세요.

제2장

스마트 농수산업 창업 준비

Ubiquitous Smart Agriculture

시장 분석과 기회 탐색

스마트 농수산업의 창업은 기술적 혁신과 함께 시장의 복잡성을 이해하고, 전략적으로 접근하는 과정이 필수적입니다. 성공적인 사업 시작을 위해서는 철저한 시장 분석과 기회 탐색이 필요하며, 이는 사업의 방향을 설정하고, 경쟁 우위를 확보하는 데 중요한 역할을 합니다. 이 절에서는 시장 분석의 중요성과 기회 탐색 방법을 구체적으로 다루며, 창업 전에 고려해야 할 주요 요소와 전략적 접근 방식을 설명합니다.

제1항. 시장 분석의 중요성

시장 분석은 창업 전 단계에서 필수적인 과정으로, 사업의 성공 가능성을 높이는 데 중요한 역할을 합니다. 이는 다음과 같은 주요 측면을 포함합니다.

가. 시장 규모와 성장 전망

시장 규모와 성장 전망은 사업의 장기적인 성공 가능성을 평가하는 데 중요한 요소입니다. 이를 분석하는 방법은 다음과 같습니다.

- **시장 규모 조사:** 시장 규모를 파악하기 위해서는 해당 산업의 총 매출, 판매량, 고객 수 등을 조사해야 합니다. 예를 들어, 스마트 농업 기술이 적용된 농작물의 시장 규모를 조사하면, 그 기술의 수요와 잠재적 시장을 예측할 수 있습니다.
- **성장 전망 분석:** 시장의 성장 전망을 분석하기 위해서는 과거 데이터와 미래 예측 자료를 활용합니다. 업계 보고서와 시장 연구 자료를 통해 산업의 성장 추세를 파악하고, 기술 발전과 소비자 트렌드가 시장 성장에 미치는 영향을 분석합니다.

나. 경쟁 분석

경쟁 분석은 시장에서의 위치를 확인하고, 경쟁 우위를 확보하기 위한 전략을 수립하는 데 도움이 됩니다. 주요 분석 방법은 다음과 같습니다.

- **경쟁업체 조사:** 경쟁업체의 제품, 서비스, 가격, 마케팅 전략 등을 조사하여 자사의 차별화 요소를 찾습니다. 경쟁업체의 강점과 약점을 분석하여 자사의 시장 진입 전략을 세우는 데 유용합니다.
- **SWOT 분석:** SWOT 분석(Strengths, Weaknesses, Opportunities, Threats)은 자사와 경쟁업체의 강점, 약점, 기회, 위협을 평가하는 도구입니다. 이를 통해 사업의 전략적 위치를 확인하고, 경쟁에서 우위를 점할 수 있는 방안을 모색합니다.

다. 고객 요구 파악

고객 요구를 정확히 파악하는 것은 제품과 서비스의 성공적인 시장 진입을 위한 핵심 요소입니다. 다음과 같은 방법으로 고객 요구를 분석할 수 있습니다.

- **설문 조사와 인터뷰:** 고객의 필요와 선호를 직접적으로 파악하기 위해 설문 조사와 인터뷰를 실시합니다. 이를 통해 고객이 원하는 제품의 특성, 가격대, 서비스 수준 등을 이해할 수 있습니다.
- **시장 세분화**: 고객을 다양한 세그먼트로 나누어 각 세그먼트의 요구와 특성을 분석합니다. 예를 들어, 스마트 농업 솔루션의 경우, 대형 농장과 소규모 농장 각각의 요구를 다르게 분석하여 맞춤형 솔루션을 제공할 수 있습니다.

제2항. 기회 탐색 방법

기회 탐색은 시장 분석을 통해 얻은 정보를 바탕으로 창의적이고 전략적인 기회를 찾아내는 과정입니다. 기회 탐색을 위한 방법은 다음과 같습니다.

가. 시장 동향 분석

시장 동향 분석은 현재의 시장 트렌드와 미래의 방향성을 이해하는 데 도움이 됩니다. 주요 분석 방법은 다음과 같습니다.

- **산업 동향 보고서 활용:** 산업 동향 보고서는 시장의 최신 트렌드, 기술 발전, 정책 변화 등을 포함합니다. 이를 통해 시장의 현재 상황과

미래 예측을 파악할 수 있습니다.

- **경쟁사의 최신 기술 분석:** 경쟁사가 도입한 최신 기술과 혁신을 분석하여, 자사가 적용할 수 있는 새로운 기회를 모색합니다. 예를 들어, 경쟁사가 사용하는 스마트 농업 기술의 최신 동향을 파악하여 자사 제품에 적용할 수 있습니다.

나. 기술 혁신과 개발

기술 혁신과 개발은 새로운 기회를 발견하고, 경쟁력을 확보하는 데 중요합니다. 다음과 같은 접근법을 고려할 수 있습니다.

- **기술 트렌드 분석:** 최신 기술 트렌드를 분석하여 향후 사업에 적용 가능한 기술을 식별합니다. 예를 들어, IoT 기반의 농업 관리 시스템이나 AI를 활용한 데이터 분석 기술이 이에 해당합니다.
- **R&D 투자:** 연구 개발(R&D)에 투자하여 자사의 기술 혁신을 촉진하고, 시장의 요구에 부합하는 신제품이나 서비스를 개발합니다. R&D를 통해 새로운 기술이나 제품을 시장에 선보일 수 있습니다.

다. 파트너십과 협력

파트너십과 협력은 사업의 성장과 기회 탐색에 중요한 역할을 합니다. 다음과 같은 전략을 고려할 수 있습니다.

- **산업 파트너십:** 관련 산업의 기업과 파트너십을 체결하여 자원의 공유와 협력을 통해 사업 기회를 확대합니다. 예를 들어, 스마트 농업

기업은 기술 제공 업체와의 협력을 통해 제품의 품질을 향상시킬 수 있습니다.

- **정부 및 연구 기관과의 협력:** 정부 기관과 연구 기관과의 협력을 통해 연구 지원, 정책 정보, 시장 기회를 확보합니다. 이러한 협력은 사업의 신뢰성을 높이고, 새로운 기회를 창출하는 데 도움이 됩니다.

제3항. 요약 정리

가. 결론

시장 분석과 기회 탐색은 스마트 농수산업 창업의 성공 가능성을 높이는 중요한 과정입니다. 철저한 시장 분석을 통해 시장 규모와 성장 전망을 파악하고, 경쟁 분석과 고객 요구 파악을 통해 자사의 경쟁력을 강화할 수 있습니다. 기회 탐색을 통해 시장 동향을 분석하고, 기술 혁신과 파트너십을 활용하여 새로운 기회를 발견하는 것이 중요합니다. 이러한 전략적 접근 방식을 통해 창업 전 단계에서 철저한 준비를 하고, 성공적인 사업을 시작할 수 있을 것입니다.

나. 추가 학습 질문

Q1: 시장 규모와 성장 전망을 정확하게 분석하기 위한 구체적인 데이터 소스와 방법론은 무엇인가요?

Q2: 경쟁 분석에서 SWOT 분석 외에 어떤 도구나 기법을 활용할 수 있을까요?

Q3: 고객 요구를 파악하기 위한 설문 조사와 인터뷰의 설계 과정에서

고려해야 할 주요 사항은 무엇인가요?

사업 계획서 작성법

스마트 농수산업에서의 창업은 기술적 혁신과 시장 변화에 대응하기 위해 철저한 사업 계획이 필수적입니다. 사업 계획서는 사업의 비전과 목표를 구체적으로 제시하고, 실행 전략을 명확히 하는 중요한 문서입니다. 이 절에서는 스마트 농수산업에 적합한 사업 계획서 작성법을 상세히 안내하며, 사업 목표 설정, 시장 분석, 경쟁 전략, 재무 계획 등 사업 계획서의 핵심 요소를 포함한 효과적인 계획서 작성과 실행 전략을 설명하겠습니다.

제1항. 사업 목표 설정

사업 목표 설정은 사업 계획서의 기초를 다지는 중요한 단계입니다. 목표는 사업의 방향성을 제시하고, 성과를 측정할 수 있는 기준을 제공합니다. 목표 설정 시 고려해야 할 요소는 다음과 같습니다.

가. SMART 목표 설정

SMART 목표는 Specific(구체적), Measurable(측정 가능),

Achievable(달성 가능), Relevant(관련성 있는), Time-bound(시간 제한이 있는)의 다섯 가지 요소로 구성됩니다. 이를 기반으로 목표를 설정하는 방법은 다음과 같습니다.

- **Specific(구체적):** 목표는 명확하고 구체적이어야 합니다. 예를 들어, "첫해에 1,000톤의 농작물을 생산한다."는 구체적인 목표가 될 수 있습니다.
- **Measurable(측정 가능):** 목표는 측정 가능해야 하며, 성과를 수치적으로 평가할 수 있어야 합니다. "월별 매출 목표를 설정하고, 매출 추이를 분석한다."는 측정 가능한 목표의 예입니다.
- **Achievable(달성 가능):** 목표는 현실적이어야 하며, 자원의 제약을 고려해야 합니다. "첫해에 10%의 시장 점유율을 확보한다."는 달성 가능한 목표가 될 수 있습니다.
- **Relevant(관련성 있는):** 목표는 사업의 비전과 전략에 부합해야 합니다. "지속 가능한 농업 기술을 도입하여 시장의 요구를 충족시킨다."는 관련성 있는 목표입니다.
- **Time-bound(시간 제한이 있는):** 목표는 일정한 시간 내에 달성할 수 있어야 합니다. "6개월 이내에 프로토타입을 개발하고, 테스트를 완료한다."는 시간 제한이 있는 목표의 예입니다.

나. 비전과 미션

사업 계획서에는 사업의 비전과 미션도 포함되어야 합니다. 비전은 사업이 장기적으로 지향하는 목표를 제시하고, 미션은 그 비전을 실현하기 위한 사업의 기본 사명과 목적을 설명합니다. 예를 들어, "비전: 스마트 농업 기술을 통해 글로벌 식량 문제 해결에 기여한다."는 장기적인 목표를 나타내고, "미션: 혁신적인 농업 솔루션을 개발하여 농부의 생산성을 높인다."는 사업의 기본 목표를 제시합니다.

제2항. 시장 분석

시장 분석은 사업 계획서의 핵심 요소로, 시장의 현재 상황과 미래 전망을 이해하는 데 도움이 됩니다. 이를 통해 사업의 기회와 위험 요소를 파악할 수 있습니다.

가. 시장 규모와 성장 전망

시장 규모와 성장 전망을 분석하는 것은 사업의 성공 가능성을 평가하는 데 중요합니다. 다음과 같은 방법을 활용할 수 있습니다.

- **산업 보고서 및 시장 조사:** 신뢰할 수 있는 산업 보고서와 시장 조사 자료를 활용하여 시장 규모와 성장 전망을 분석합니다. 예를 들어, '스마트 농업 기술의 글로벌 시장 규모와 연평균 성장률'을 조사하여 시장의 성장 잠재력을 파악할 수 있습니다.
- **경쟁 분석:** 주요 경쟁업체의 시장 점유율, 제품 라인업, 가격 정책 등을 분석하여 자사의 시장 위치를 평가합니다. 경쟁업체의 강점과 약점을 분석하여 자사의 차별화 전략을 수립할 수 있습니다.

나. 고객 분석

고객 분석은 사업의 목표 고객을 이해하고, 그들의 요구와 선호를 파악하는 데 도움이 됩니다. 고객 분석을 위한 방법은 다음과 같습니다.

- **시장 세분화:** 고객을 다양한 세그먼트로 나누어 각 세그먼트의 요구와 특성을 분석합니다. 예를 들어, 스마트 농업의 경우 대형 농장, 소규모 농장, 유기농 농장 등의 세그먼트로 나누어 각 세그먼트의 요구를 분석합니다.
- **고객 설문 조사:** 설문 조사와 인터뷰를 통해 고객의 요구와 선호를 직접 파악합니다. 고객의 피드백을 바탕으로 제품과 서비스의 개선 방향을 설정할 수 있습니다.

제3항. 경쟁 전략

경쟁 전략은 사업이 시장에서 경쟁 우위를 확보하기 위한 방법을 제시합니다. 효과적인 경쟁 전략은 다음과 같은 요소를 포함해야 합니다.

가. 차별화 전략

차별화 전략은 자사의 제품이나 서비스가 경쟁업체와 차별화되는 점을 강조하는 전략입니다. 차별화의 방법은 다음과 같습니다.

- **기술 혁신:** 최신 기술을 도입하여 제품의 기능성과 성능을 향상시킵니다. 예를 들어, 스마트 농업 솔루션에 IoT와 AI 기술을 적용하여 경

쟁업체와의 차별화를 꾀할 수 있습니다.

- **고객 맞춤형 솔루션:** 고객의 요구에 맞춘 맞춤형 솔루션을 제공하여 차별화된 가치를 제공합니다. 예를 들어, 특정 농작물에 맞춘 맞춤형 농업 관리 시스템을 제공하는 것이 차별화된 전략이 될 수 있습니다.

나. 가격 전략

가격 전략은 제품의 가격 책정 방식을 결정하며, 경쟁력 있는 가격을 통해 시장 점유율을 확보하는 데 도움이 됩니다. 가격 전략의 예는 다음과 같습니다.

- **가격 책정:** 제품의 가격을 경쟁업체의 가격과 비교하여 적정 가격을 설정합니다. 예를 들어, 초기 시장 진입 시 낮은 가격 전략을 통해 고객을 유치한 후, 점진적으로 가격을 조정할 수 있습니다.
- **가격 차별화:** 고객 세그먼트에 따라 다양한 가격 책정 모델을 적용하여 시장 점유율을 확대합니다. 예를 들어, 대형 농장과 소규모 농장에 따라 가격을 차별화하여 판매 전략을 구체화할 수 있습니다.

제4항. 재무 계획

재무 계획은 사업의 재무 건전성을 유지하고, 자금을 효율적으로 관리하기 위한 전략을 제시합니다. 재무 계획에는 다음과 같은 요소가 포함됩니다.

가. 초기 자본과 자금 조달

초기 자본을 확보하고, 자금을 조달하는 방법을 계획합니다. 자금 조달의 방법은 다음과 같습니다.

- **자체 자본:** 창업자의 자산을 활용하여 초기 자본을 마련합니다. 예를 들어, 개인 저축이나 자산 매각 등을 통해 자본을 확보할 수 있습니다.
- **외부 자금 조달:** 벤처 캐피털, 은행 대출, 정부 지원금 등을 활용하여 자금을 조달합니다. 각 자금 조달 방법의 장단점을 분석하여 적절한 방법을 선택합니다.

나. 수익 모델과 손익 분기점

수익 모델을 정의하고, 손익 분기점을 계산하여 사업의 수익성을 평가합니다. 수익 모델과 손익 분기점의 예는 다음과 같습니다.

- **수익 모델:** 제품 판매, 서비스 제공, 구독 모델 등 다양한 수익 모델을 정의합니다. 예를 들어, 스마트 농업 솔루션의 경우 소프트웨어 라이센스 판매와 유지보수 서비스 제공을 통한 수익 모델을 설정할 수 있습니다.
- **손익 분기점 분석:** 손익 분기점을 계산하여 사업이 수익성을 확보하기 위해 필요한 매출을 파악합니다. 이를 통해 사업의 재무 건전성을 평가하고, 가격 책정 및 비용 관리 전략을 수립할 수 있습니다.

제5항. 요약 정리

가. 결론

스마트 농수산업 창업을 위한 사업 계획서는 사업의 비전과 목표를 명확히 하고, 실행 전략을 구체적으로 제시하는 중요한 문서입니다. 사업 목표 설정, 시장 분석, 경쟁 전략, 재무 계획 등의 핵심 요소를 체계적으로 준비하여 사업의 성공 가능성을 높일 수 있습니다. 사업 계획서를 통해 사업의 방향성과 전략을 명확히 하고, 시장에서의 경쟁 우위를 확보하며, 재무 건전성을 유지하는 데 도움이 될 것입니다. 이러한 전략적 접근은 스마트 농수산업의 창업에서 성공을 이끌어내는 데 필수적인 요소입니다.

나. 추가 학습 질문

Q1: 사업 목표를 SMART 기준에 맞게 설정할 때 고려해야 할 주요 사항은 무엇인가요?

Q2: 시장 분석을 위해 활용할 수 있는 구체적인 산업 보고서나 시장 조사 자료는 어떤 것이 있나요?

Q3: 경쟁 전략을 수립할 때, 차별화와 가격 전략 외에 어떤 추가적인 접근 방식을 고려할 수 있을까요?

제3절

자금 조달 및 투자 유치

스마트 농수산업 창업의 성공적인 출발을 위해서는 안정적이고 효과적인 자금 조달이 필수적입니다. 창업 초기 단계에서는 필요한 자금을 확보하는 것이 사업의 성패를 좌우할 수 있으며, 각기 다른 자금 조달 방법과 투자 유치 전략을 이해하는 것이 중요합니다. 이 절에서는 자금 조달의 주요 수단인 정부 지원금, 벤처 자금, 크라우드펀딩 등의 방법을 소개하고, 각 방법의 장단점과 실제 투자 유치 전략을 체계적으로 설명합니다.

제1항. 자금 조달 방법

자금 조달은 사업의 시작과 성장에 필요한 자금을 확보하는 과정으로, 여러 가지 방법이 있습니다. 각 방법의 특성과 장단점을 이해하면, 사업에 적합한 자금 조달 전략을 수립할 수 있습니다.

가. 정부 지원금

정부 지원금은 정부가 창업이나 연구 개발을 촉진하기 위해 제공하는 자금으로, 주로 창업 초기나 기술 혁신을 장려하는 데 사용됩니다.

- **장점:** 정부 지원금은 상환 의무가 없으며, 자금 지원 외에도 사업에 필요한 다양한 서비스나 자원을 제공받을 수 있습니다. 정부의 지원은 사업의 신뢰성을 높이고, 초기 자금 부담을 줄이는 데 도움이 됩니다.
- **단점:** 지원금 신청 과정이 복잡하고, 승인받기까지 시간이 소요될 수 있습니다. 또한, 지원금의 규모나 조건이 제한적일 수 있으며, 특정 분야나 기술에 한정될 수 있습니다.
- **전략:** 정부 지원금을 확보하기 위해서는 정부의 지원 정책과 프로그램을 충분히 이해하고, 관련 서류와 계획서를 철저히 준비해야 합니다. 사업 계획서에 지원금 사용 계획을 명확히 기술하고, 지원금의 목적에 부합하는 사업 아이디어와 비전을 제시하는 것이 중요합니다.

나. 벤처 자금

벤처 자금은 벤처 캐피털(Venture Capital)이나 엔젤 투자자(Angel Investor) 등으로부터 조달하는 자금으로, 주로 고위험 고수익의 투자 기회를 제공하는 경우가 많습니다.

- **장점:** 벤처 자금은 대규모 자금을 확보할 수 있으며, 투자자들은 사업의 성장과 성공에 대한 관심과 지원을 아끼지 않습니다. 또한, 투자자들은 네트워크와 전문 지식을 제공하여 사업의 전략적 방향성을 제시하는 데 도움을 줄 수 있습니다.
- **단점:** 투자자들은 사업의 지분을 요구하며, 사업 운영에 대한 일정 부분의 통제권을 행사할 수 있습니다. 또한, 투자 유치 과정이 길어

질 수 있으며, 투자자의 요구에 부합하지 않으면 자금 조달이 어려울 수 있습니다.

- **전략:** 벤처 자금을 유치하기 위해서는 명확한 사업 계획서와 성장 가능성을 제시해야 합니다. 투자자들에게 사업의 비전, 시장 가능성, 경쟁력 있는 기술과 팀의 역량을 강조하고, 실적이나 성공 사례를 통해 신뢰를 구축하는 것이 중요합니다. 또한, 투자자의 요구 사항을 사전에 파악하고, 사업의 목표와 일치시키는 전략이 필요합니다.

다. 크라우드펀딩(Crowdfunding)

크라우드펀딩은 다수의 개인 투자자로부터 소액씩 자금을 모아 사업 자금을 조달하는 방법입니다. 주로 온라인 플랫폼을 통해 진행됩니다.

- **장점:** 크라우드펀딩은 비교적 짧은 시간 내에 자금을 모을 수 있으며, 사업 아이디어와 제품에 대한 시장의 반응을 직접 확인할 수 있는 기회를 제공합니다. 또한, 성공적인 크라우드펀딩 캠페인은 마케팅 효과와 사업의 초기 신뢰도를 높이는 데 도움이 됩니다.
- **단점:** 캠페인 준비와 실행에 시간과 비용이 소요될 수 있으며, 목표 금액을 달성하지 못할 경우 자금을 확보하지 못할 수 있습니다. 또한, 캠페인 홍보와 투자자 관리가 필요한데, 이를 위한 전략적인 접근이 필요합니다.
- **전략:** 크라우드펀딩 캠페인을 성공적으로 운영하기 위해서는 매력적인 캠페인 콘텐츠와 목표를 설정하고, 충분한 홍보를 진행해야 합니다. 캠페인 페이지에서 사업 아이디어의 강점을 강조하고, 투자자들

에게 보상이나 혜택을 제공하여 참여를 유도하는 것이 중요합니다. 또한, 캠페인 진행 중에는 투자자들과의 소통을 유지하고, 프로젝트의 진행 상황을 꾸준히 업데이트하여 신뢰를 구축하는 것이 필요합니다.

제2항. 투자 유치 전략

효과적인 투자 유치 전략은 자금 조달 방법의 선택과 함께 사업의 성공을 위한 중요한 요소입니다. 다음은 투자 유치를 위한 전략적 접근 방식입니다.

가. 투자자 관계 관리

투자자와의 관계를 잘 관리하는 것은 장기적인 성공을 위한 핵심입니다. 투자자 관계를 관리하는 방법은 다음과 같습니다.

- **투명한 커뮤니케이션:** 사업의 진행 상황과 재무 상태를 투자자에게 투명하게 보고하고, 정기적인 업데이트를 제공합니다. 투자자와의 신뢰를 구축하기 위해서는 정기적인 보고와 피드백을 중시하는 것이 중요합니다.
- **투자자 요구 사항 반영:** 투자자의 요구 사항이나 조언을 적극적으로 반영하고, 사업 전략에 대한 피드백을 수용합니다. 투자자의 기대에 부응하는 사업 운영과 성과를 통해 신뢰를 유지합니다.

나. 성공적인 피치 데크(Pitch Deck) 준비

피치 데크는 투자자에게 사업을 소개하고 설득하는 데 사용되는 자료로, 사업의 가치를 효과적으로 전달해야 합니다. 성공적인 피치 데크를 준비하는 방법은 다음과 같습니다.

- **명확한 사업 개요:** 사업의 비전, 목표, 시장 기회, 경쟁력 있는 기술 등을 명확히 제시합니다. 투자자들이 사업의 핵심 가치를 빠르게 이해할 수 있도록 구성합니다.
- **시장 분석과 재무 계획:** 시장 분석과 재무 계획을 구체적으로 제시하여 사업의 성장 가능성과 수익성을 보여 줍니다. 실질적인 데이터와 예측을 기반으로 사업의 장기적인 잠재력을 강조합니다.
- **팀의 역량 강조:** 사업의 성공을 이끌어 낼 팀의 경험과 역량을 강조합니다. 팀원들의 전문성과 성과를 통해 사업의 신뢰성을 높이고, 투자자의 신뢰를 확보합니다.

다. 전략적 파트너십 활용

전략적 파트너십은 자금을 조달하는 데 중요한 역할을 할 수 있으며, 사업의 성장과 확장을 지원할 수 있습니다. 전략적 파트너십을 활용하는 방법은 다음과 같습니다.

- **산업 네트워크 구축:** 관련 산업의 네트워크를 구축하고, 협력 관계를 형성하여 자금 조달 기회를 확대합니다. 산업 파트너십을 통해 자금 조달 외에도 기술, 시장 접근, 연구 개발 등의 지원을 받을 수 있습니다.
- **정부 및 연구 기관과의 협력:** 정부 기관이나 연구 기관과 협력하여 자

금 지원, 연구 개발 지원, 정책 정보 등을 확보합니다. 이러한 협력은 사업의 신뢰성을 높이고, 자금 조달 기회를 증가시킬 수 있습니다.

제3항. 요약 정리

가. 결론

스마트 농수산업 창업을 위한 자금 조달 및 투자 유치는 사업의 성공에 결정적인 영향을 미치는 요소입니다. 정부 지원금, 벤처 자금, 크라우드펀딩 등의 다양한 자금 조달 방법과 각 방법의 장단점을 이해하고, 효과적인 투자 유치 전략을 수립하는 것이 중요합니다. 투자자와의 관계를 잘 관리하고, 성공적인 피치 데크를 준비하며, 전략적 파트너십을 활용하는 전략을 통해 자금을 확보하고 사업의 성장을 지원할 수 있습니다. 이러한 체계적인 접근 방식을 통해 스마트 농수산업의 창업에서 안정적이고 효과적인 자금 조달을 달성할 수 있을 것입니다.

나. 추가 학습 질문

Q1: 정부 지원금을 신청할 때, 지원금의 조건과 자격 요건을 확인하기 위한 구체적인 절차는 무엇인가요?

Q2: 벤처 자금을 유치하기 위해 사업 계획서 외에 어떤 자료나 준비물이 필요할까요?

Q3: 크라우드펀딩 캠페인을 성공적으로 운영하기 위해, 캠페인 홍보 전략은 어떻게 구성해야 하나요?

제4절

법적 요구사항과 인증

스마트 농수산업 창업의 성공을 위한 핵심 요소 중 하나는 법적 요구사항과 인증을 철저히 준수하는 것입니다. 농수산업은 공공의 건강과 환경에 미치는 영향이 크기 때문에, 관련 법률과 규정을 준수하는 것은 필수적입니다. 이 절에서는 스마트 농수산업 창업 시 필수적인 법적 요구사항과 인증 절차를 상세히 설명하고, 창업 과정에서 법적 준수를 보장하기 위한 방법을 제시하겠습니다.

제1항. 법적 요구사항

법적 요구사항은 사업 운영에 필수적인 법률과 규정을 포함하며, 사업의 합법성을 확보하고, 공공의 안전과 환경 보호를 보장합니다. 스마트 농수산업에서는 다음과 같은 법적 요구사항을 준수해야 합니다.

가. 식품 안전 규제

스마트 농수산업에서는 식품 안전 규제를 철저히 준수해야 합니다. 식품 안전 규제는 소비자에게 안전한 식품을 제공하기 위해 설정된 법률과 규정입니다.

- **식품 안전법:** 식품의 생산, 가공, 유통, 판매에 관한 법률로, 식품의 위생과 안전을 보장합니다. 식품 안전법에 따라 농수산물의 생산과 가공 과정에서 안전 기준을 준수해야 하며, 위생 관리와 검사를 규정하는 조항을 준수해야 합니다.
- **위해요소 분석 및 중요 관리점(HACCP):** HACCP(Hazard Analysis Critical Control Point) 시스템은 식품의 안전성을 보장하기 위한 관리 시스템으로, 위험 요소를 분석하고 중요 관리점을 설정하여 식품의 안전을 확보합니다. HACCP 인증을 받기 위해서는 식품의 생산 과정에서 위험 요소를 사전에 식별하고, 이를 관리하는 절차를 수립해야 합니다.
- **검사와 보고 의무:** 식품 안전을 보장하기 위해 정기적인 검사와 보고 의무를 준수해야 합니다. 이를 통해 식품의 안전성을 확인하고, 문제 발생 시 신속하게 대응할 수 있습니다.

나. 환경 법규

환경 법규는 농수산업의 운영이 환경에 미치는 영향을 최소화하고, 지속 가능한 발전을 도모하기 위해 설정된 법률과 규정입니다.

- **환경 보호법:** 환경 보호법은 공기, 물, 토양 등 자연 환경의 보호를 목적으로 하는 법률입니다. 스마트 농수산업에서는 환경 보호법을 준수하여 환경 오염을 방지하고, 자원의 효율적 사용을 도모해야 합니다.

- **배출 규제:** 농업과 수산업에서 발생하는 오염물질의 배출을 규제하는 법률입니다. 배출 허가를 받거나, 배출 기준을 준수하여 환경 오염을 최소화해야 합니다.
- **폐기물 관리:** 농수산업에서 발생하는 폐기물을 적절히 관리하고, 처리하는 법률입니다. 폐기물의 분리 배출과 재활용, 처리 절차를 준수하여 환경 보호에 기여해야 합니다.

다. 품질 인증

품질 인증은 제품의 품질을 보증하고, 소비자에게 신뢰를 제공하기 위해 필요한 인증입니다. 스마트 농수산업에서는 다음과 같은 품질 인증이 필요할 수 있습니다.

- **ISO 인증:** 국제 표준화 기구(ISO: International Organization for Standardization)에서 제정한 품질 관리 시스템에 관한 인증입니다. ISO 9001은 품질 경영 시스템을, ISO 14001은 환경 경영 시스템을 인증하며, 이러한 인증을 통해 품질 관리와 환경 관리를 체계적으로 운영할 수 있습니다.
- **유기농 인증:** 유기농 제품의 생산과 가공 과정에서 유기농 기준을 준수하는지 인증하는 제도입니다. 유기농 인증을 통해 소비자에게 유기농 제품의 신뢰를 제공하고, 유기농 시장에서 경쟁력을 강화할 수 있습니다.
- **GAP 인증:** 농산물의 생산 과정에서 안전성과 품질을 보장하기 위한 인증입니다. GAP(Good Agricultural Practice) 인증을 통해 농산물의

생산 과정에서의 안전성을 검증받고, 소비자에게 신뢰를 제공할 수 있습니다.

제2항. 인증 절차

인증 절차는 각종 인증을 확보하기 위해 필요한 과정과 절차를 포함하며, 이를 통해 사업의 신뢰성과 품질을 보장할 수 있습니다.

가. 인증 준비

인증을 준비하기 위해서는 다음과 같은 단계를 수행해야 합니다.

- **요건 파악:** 인증에 필요한 요건과 기준을 명확히 파악합니다. 인증 기관의 요구 사항을 분석하고, 이를 충족하기 위해 필요한 절차와 문서를 준비합니다.
- **내부 시스템 점검:** 인증에 필요한 내부 시스템과 절차를 점검하고, 개선이 필요한 부분을 보완합니다. 품질 관리 시스템, 환경 관리 시스템 등 필요한 내부 시스템을 구축합니다.

나. 인증 신청

인증 신청 과정에서는 다음과 같은 절차를 따릅니다.

- **신청서 제출:** 인증 기관에 인증 신청서를 제출합니다. 신청서에는 사업의 개요, 인증 요청 사항, 필요한 문서 등을 포함해야 합니다.

- **서류 검토:** 인증 기관에서 제출한 서류를 검토하고, 필요시 추가 자료를 요청합니다. 서류 검토 과정에서 사업의 준수 여부를 평가합니다.

다. 인증 심사

인증 심사는 인증 기관의 심사원이 사업 현장을 방문하여 인증 요건을 충족하는지를 평가하는 과정입니다.

- **현장 심사:** 인증 기관의 심사원이 사업 현장을 방문하여 내부 시스템과 절차를 점검합니다. 실무자의 인터뷰와 현장 점검을 통해 인증 요건의 충족 여부를 확인합니다.
- **심사 결과:** 심사 결과에 따라 인증을 부여하거나, 개선 사항을 제시합니다. 인증 요건을 충족하지 못할 경우, 보완 사항을 수정하고 재심사를 받을 수 있습니다.

라. 인증 유지

인증을 받은 후에도 인증을 유지하기 위해서는 다음과 같은 절차를 따라야 합니다.

- **정기 검토와 갱신:** 정기적인 검토와 갱신 절차를 통해 인증 요건을 지속적으로 충족합니다. 인증 기간이 만료되기 전에 갱신 절차를 진행해야 합니다.
- **문서 관리:** 인증 관련 문서와 기록을 체계적으로 관리하고, 필요 시 인증 기관에 제출합니다. 문서 관리와 기록 보관을 통해 인증 요건을

지속적으로 유지합니다.

제3항. 법적 준수를 위한 전략

법적 요구사항과 인증을 철저히 준수하기 위해서는 다음과 같은 전략을 활용할 수 있습니다.

가. 전문가 상담

법적 요구사항과 인증 절차에 대한 전문적인 상담을 통해 정확한 정보를 얻고, 준수 여부를 확인합니다. 법률 자문가나 인증 전문가와 상담하여 사업에 필요한 법적 요구사항과 인증 절차를 이해하고, 이를 효과적으로 준수할 수 있습니다.

나. 내부 교육 및 관리

내부 직원들에게 법적 요구사항과 인증 절차에 대한 교육을 제공하고, 이를 준수하기 위한 내부 관리 시스템을 구축합니다. 직원들의 인식을 높이고, 법적 준수의 중요성을 인식시킴으로써, 사업 운영에서 법적 요구사항을 철저히 준수할 수 있습니다.

다. 정기적인 감사 및 점검

사업 운영 중 정기적인 감사와 점검을 통해 법적 요구사항과 인증 요건의 준수 여부를 확인합니다. 내부 감사와 외부 감사를 통해 법적 준수를 점검하고, 문제 발생 시 신속하게 대응할 수 있도록 합니다.

제4항. 요약 정리

가. 결론

스마트 농수산업 창업에서 법적 요구사항과 인증은 사업의 성공과 지속 가능성을 확보하는 데 필수적인 요소입니다. 식품 안전 규제, 환경 법규, 품질 인증 등의 법적 요구사항을 철저히 준수하고, 인증 절차를 체계적으로 수행하는 것이 중요합니다. 법적 요구사항과 인증을 준수하기 위한 전략으로 전문가 상담, 내부 교육, 정기적인 감사 등을 활용하여 법적 준수를 보장하고, 사업의 신뢰성과 품질을 확보할 수 있습니다. 이러한 접근 방식을 통해 스마트 농수산업 창업에서 성공적인 법적 준수를 달성하고, 사업의 지속 가능한 성장을 이끌어 낼 수 있을 것입니다.

나. 추가 학습 질문

Q1: 식품 안전 규제를 준수하기 위해 사업 초기에 어떤 절차를 가장 먼저 밟아야 하나요?

Q2: 환경 법규를 준수하기 위해 스마트 농수산업에서 가장 중요하게 고려해야 할 점은 무엇인가요?

Q3: 품질 인증을 준비하는 과정에서, 인증 기관과의 효과적인 소통 방법은 무엇인가요?

제3장

스마트 농업 기술의 적용

Ubiquitous Smart Agriculture

정밀 농업: 데이터 기반의 생산성 혁신

정밀 농업은 현대 농업에서 혁신적인 변화를 일으키고 있는 기술로, 농작물의 생산성과 품질을 극대화하는 데 중요한 역할을 하고 있습니다. 이 기술의 핵심은 데이터 기반의 접근 방식으로, 센서, GPS, 데이터 분석 등의 기술을 활용하여 농업의 모든 측면을 최적화하는 데 있습니다. 이 절에서는 정밀 농업의 핵심 기술을 살펴보고, 이들이 농작물의 생산성과 품질을 어떻게 혁신적으로 개선하는지를 구체적으로 설명합니다.

제1항. 정밀 농업의 개념

정밀 농업(Precision Agriculture)은 농업의 각 작업을 데이터 기반으로 분석하고 최적화하여 생산성을 극대화하는 접근 방식입니다. 이는 농작물의 생육 환경과 생리적 상태를 세밀하게 분석하고, 이를 바탕으로 맞춤형 관리와 자원 사용을 구현하는 것을 목표로 합니다. 정밀 농업은 기술의 발전과 함께 더욱 정교해지고 있으며, 데이터의 정확성과 실시간성을 통해 농업의 혁신을 이끌고 있습니다.

제2항. 핵심 기술

정밀 농업의 핵심 기술은 센서, GPS, 데이터 분석입니다. 각 기술의 역할과 응용 방법을 살펴보겠습니다.

가. 센서 기술

센서 기술은 농업에서 실시간 데이터를 수집하고 분석하는 데 필수적인 역할을 합니다. 다양한 유형의 센서가 사용되며, 이들은 작물과 환경의 상태를 모니터링하는 데 사용됩니다.

- **토양 센서:** 토양 센서는 토양의 수분, 온도, pH 등 다양한 물리적 및 화학적 특성을 측정합니다. 이를 통해 농작물의 생육에 적합한 환경을 조성하고, 필요한 영양소와 물의 양을 정확히 파악할 수 있습니다. 예를 들어, 토양의 수분 상태를 실시간으로 모니터링하여, 과잉 또는 부족한 물의 공급을 조절할 수 있습니다.
- **기상 센서:** 기상 센서는 기온, 습도, 강수량 등 기상 조건을 실시간으로 측정합니다. 이러한 정보는 작물의 생육에 영향을 미치는 기상 요소를 파악하고, 이를 기반으로 적절한 농업 작업 시점을 결정하는 데 도움이 됩니다. 예를 들어, 강우 예보를 기반으로 관개 스케줄을 조정할 수 있습니다.
- **작물 건강 센서:** 작물 건강 센서는 작물의 생리적 상태를 분석하여 질병이나 해충의 발생 여부를 조기에 감지합니다. 이를 통해 신속하게 대응하고, 적절한 방제를 실시하여 작물의 건강을 유지할 수 있습

니다. 예를 들어, 잎의 색상 변화를 감지하여 질병의 조기 경고를 받을 수 있습니다.

나. GPS 기술

GPS(Global Positioning System) 기술은 농업에서 위치 기반의 데이터를 제공하여 작업의 정확성을 높입니다. GPS 기술의 응용 방법은 다음과 같습니다.

- **정밀 농업 작업:** GPS를 이용하여 농작업의 정확한 위치를 기록하고, 이를 바탕으로 자동화된 농기계를 운영할 수 있습니다. 예를 들어, GPS 기반의 자동 운전 시스템을 사용하여 트랙터가 일정한 경로를 따라 정밀하게 작업을 수행하도록 합니다.
- **지도의 생성:** GPS 데이터를 활용하여 농지의 지도를 생성하고, 이를 분석하여 토양의 특성이나 작물의 생육 상태를 시각적으로 파악할 수 있습니다. 이 정보는 농업 작업의 계획과 관리를 지원하는 데 유용합니다.
- **경로 최적화:** GPS 기술을 통해 농업 기계의 경로를 최적화하고, 작업의 효율성을 높입니다. 예를 들어, 씨앗 파종이나 비료 살포 시 GPS를 이용하여 정밀한 위치에 정확한 양을 배치할 수 있습니다.

다. 데이터 분석

데이터 분석은 정밀 농업의 핵심 요소로, 수집된 데이터를 분석하여 의사 결정을 지원합니다. 데이터 분석의 주요 응용 방법은 다음과 같습니다.

- **작물 생육 분석:** 수집된 데이터를 분석하여 작물의 생육 상태를 평가하고, 필요한 조치를 결정합니다. 예를 들어, 토양과 기상 데이터를 분석하여 적절한 관개 및 비료 사용 계획을 수립할 수 있습니다.
- **예측 모델링:** 데이터 분석을 통해 예측 모델을 구축하고, 작물의 생육과 생산량을 예측합니다. 이를 통해 작물의 생산성을 극대화하고, 예상되는 문제를 사전에 방지할 수 있습니다. 예를 들어, 기상 데이터와 토양 상태를 바탕으로 작물의 성장 예측을 수행할 수 있습니다.
- **의사 결정 지원:** 데이터 분석 결과를 기반으로 의사 결정을 지원합니다. 예를 들어, 데이터 분석을 통해 비료와 농약의 적정 사용량을 결정하고, 자원 낭비를 줄이며 비용을 절감할 수 있습니다.

제3항. 데이터 기반의 생산성 혁신

정밀 농업의 핵심 기술을 통해 데이터 기반의 생산성 혁신을 이끌어내는 방법을 살펴보겠습니다.

가. 맞춤형 관리

정밀 농업 기술을 활용하여 맞춤형 관리를 구현할 수 있습니다. 이는 농작물의 생육 상태와 환경 조건에 따라 최적의 관리 방안을 적용하는 것을 의미합니다.

- **정밀 관개:** 토양 센서와 기상 데이터를 활용하여 정밀한 관개 시스템을 구축합니다. 필요한 만큼만 물을 공급하여 자원의 낭비를 줄이고,

작물의 최적 생육 환경을 조성합니다.

- **정밀 비료 사용:** 작물의 생육 상태와 토양의 영양 상태를 분석하여 필요한 만큼의 비료를 정확히 사용합니다. 비료의 과잉 사용을 방지하고, 작물의 영양 상태를 최적화하여 생산성을 향상시킵니다.

나. 효율적 자원 사용

정밀 농업 기술을 통해 자원의 사용을 최적화하고, 효율적인 자원 관리를 실현할 수 있습니다.

- **자동화된 농기계 운영:** GPS 기술을 이용하여 농기계를 자동화하고, 작업의 정확성을 높입니다. 예를 들어, 자동화된 씨앗 파종 기계를 사용하여 정확한 위치에 씨앗을 심고, 비료와 농약을 적정량만 살포합니다.
- **에너지 절약:** 정밀 농업 기술을 활용하여 에너지를 효율적으로 사용합니다. 예를 들어, 데이터 분석을 통해 에너지 사용 패턴을 파악하고, 에너지 절약을 위한 최적의 운영 방안을 제시합니다.

다. 생산성 향상

정밀 농업 기술을 통해 농작물의 생산성을 향상시킬 수 있습니다.

- **생산량 예측:** 데이터 분석을 통해 생산량을 예측하고, 생산 계획을 수립합니다. 예를 들어, 기상 데이터와 작물 생육 상태를 바탕으로 수확 시점을 예측하고, 최적의 수확 계획을 수립합니다.

- **품질 개선:** 정밀 농업 기술을 통해 농작물의 품질을 개선합니다. 예를 들어, 작물의 건강 상태를 모니터링하고, 문제를 조기에 발견하여 품질 저하를 방지합니다.

제4항. 요약 정리

가. 결론

정밀 농업은 센서, GPS, 데이터 분석 등의 핵심 기술을 활용하여 농작물의 생산성과 품질을 극대화하는 혁신적인 접근 방식입니다. 이러한 기술들은 실시간 데이터를 수집하고 분석하여 맞춤형 관리와 효율적 자원 사용을 구현하며, 농업의 생산성을 향상시키는 데 중요한 역할을 합니다. 정밀 농업의 기술적 접근은 농업의 미래를 변화시키고, 지속 가능한 농업 실현을 위한 핵심 요소로 자리잡고 있습니다. 농업의 기술 혁신과 함께, 정밀 농업의 도입은 보다 스마트하고 효율적인 농업을 가능하게 하며, 글로벌 식량 문제 해결에 기여할 것입니다.

나. 추가 학습 질문

Q1: 정밀 농업에서 센서 기술을 활용하여 얻은 데이터를 어떻게 효과적으로 분석하고 활용할 수 있을까요?

Q2: GPS 기술을 활용한 자동화된 농기계 운영이 농업 작업의 정확성과 효율성을 높이는 방법은 무엇인가요?

Q3: 데이터 기반의 맞춤형 관리가 농작물의 품질을 향상시키는 구체적인 사례는 어떤 것이 있나요?

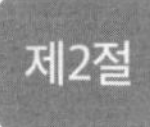

농업용 드론과 자동화 시스템

농업의 혁신적인 변화는 이제 드론과 자동화 시스템을 중심으로 이루어지고 있습니다. 이러한 기술들은 전통적인 농업의 방식에서 벗어나 생산성과 효율성을 극대화하는 데 중요한 역할을 하고 있습니다. 이 절에서는 농업용 드론과 자동화 시스템의 핵심 기술과 이들의 구현 사례를 통해 작업 효율성을 높이고 농장 관리를 자동화하는 방법을 상세히 설명합니다.

제1항. 농업용 드론의 개념과 활용

농업용 드론은 다양한 센서와 카메라를 장착하여 농작물의 상태를 모니터링하고, 농장 관리 작업을 지원하는 무인 항공기입니다. 드론 기술의 발전은 농업에 혁신을 가져왔으며, 그 활용 범위는 날로 확장되고 있습니다.

가. 드론을 이용한 항공 촬영

드론의 가장 기본적이고 중요한 기능 중 하나는 항공 촬영입니다. 고해상도 카메라와 센서를 장착한 드론은 다음과 같은 방식으로 농업에 기여합니다.

- **작물 모니터링:** 드론은 농장의 전체적인 상황을 고해상도로 촬영하여 작물의 생육 상태를 평가할 수 있습니다. 이를 통해 작물의 건강 상태를 시각적으로 분석하고, 병해충 발생 여부를 조기에 발견할 수 있습니다. 예를 들어, 드론이 촬영한 이미지를 분석하여 작물의 색상 변화나 손상을 식별할 수 있습니다.
- **지형 분석:** 드론은 농장의 지형을 3D로 모델링하여 지형의 변화나 불균형을 파악할 수 있습니다. 이는 토양의 수분 분포나 침식 문제를 파악하는 데 유용하며, 농업 작업의 계획과 조정에 도움이 됩니다. 예를 들어, 지형 분석을 통해 농업 작업의 경로를 최적화하거나 물의 흐름을 조절할 수 있습니다.
- **수확 시점 결정:** 드론을 통해 작물의 성숙도를 모니터링하고, 수확 시점을 결정하는 데 도움을 줍니다. 드론이 촬영한 데이터를 분석하여 최적의 수확 시점을 예측하고, 수확 작업을 효율적으로 계획할 수 있습니다.

나. 드론을 이용한 작물 모니터링

드론은 작물의 상태를 실시간으로 모니터링할 수 있는 기능을 제공합니다. 이를 통해 다음과 같은 작업을 수행할 수 있습니다.

- **병해충 감지:** 드론에 장착된 적외선 카메라나 열화상 카메라는 작물의 질병이나 해충의 발생을 조기에 감지할 수 있습니다. 이를 통해 신속하게 대응하고, 적절한 방제를 실시하여 작물의 피해를 최소화할 수 있습니다.

- **영양 상태 분석:** 드론을 이용한 정밀 모니터링은 작물의 영양 상태를 분석하는 데 유용합니다. 식물의 반사율 데이터를 분석하여 영양 결핍이나 과잉 상태를 파악하고, 적절한 비료와 영양소를 공급할 수 있습니다.
- **작물 성장 추적:** 드론을 통해 농작물의 성장 과정을 실시간으로 추적하고, 성장 속도나 패턴을 분석할 수 있습니다. 이를 통해 작물의 성장 예측을 정확하게 하고, 농업 작업의 계획을 조정할 수 있습니다.

제2항. 자동화 시스템의 개념과 활용

자동화 시스템은 농업 작업을 기계적 또는 전자적으로 자동화하여 효율성을 높이는 기술입니다. 이 시스템은 작물의 재배, 관리, 수확 등 다양한 작업을 자동으로 수행할 수 있도록 설계되어 있습니다.

가. 자동화된 파종 시스템

자동화된 파종 시스템은 씨앗을 정확한 위치에, 정확한 양으로 심는 기계적 장치입니다. 이 시스템의 주요 기능과 장점은 다음과 같습니다.

- **정밀 파종:** 자동화된 파종 시스템은 GPS와 센서를 활용하여 씨앗을 정확한 간격과 깊이에 심습니다. 이를 통해 씨앗의 발아와 성장이 균일하게 이루어지며, 생산성을 높일 수 있습니다. 예를 들어, 자동화된 파종 시스템은 씨앗의 밀도를 조절하여 최적의 발아율을 보장합니다.

- **시간 절약:** 자동화 시스템은 대규모 농장에서 시간과 인력을 절약할 수 있는 효율적인 방법입니다. 기계가 자동으로 씨앗을 파종하므로, 인력 부족 문제를 해결하고 작업 속도를 크게 향상시킬 수 있습니다.
- **작업 일관성:** 자동화된 시스템은 작업의 일관성을 유지할 수 있습니다. 기계가 동일한 속도와 방식으로 파종 작업을 수행하므로, 품질의 변동을 줄이고 일관된 결과를 얻을 수 있습니다.

나. 자동화된 수확 시스템

자동화된 수확 시스템은 작물을 수확하는 작업을 기계적으로 수행하는 장치입니다. 이 시스템의 주요 기능과 장점은 다음과 같습니다.

- **효율적인 수확:** 자동화된 수확 시스템은 대규모 농장에서 수확 작업을 신속하고 효율적으로 수행할 수 있습니다. 이를 통해 수확 작업의 속도를 높이고, 노동력을 절감할 수 있습니다. 예를 들어, 자동 수확 기계는 작물을 자동으로 식별하고 수확하여 인력의 부담을 줄입니다.
- **정확한 수확:** 자동화 시스템은 작물의 성숙도를 분석하여 적절한 시점에 수확을 수행합니다. 이를 통해 품질이 높은 작물을 수확하고, 과도한 성숙으로 인한 품질 저하를 방지할 수 있습니다.
- **작업 안정성:** 자동화된 수확 시스템은 일관된 작업을 수행하며, 작업자의 안전을 보장합니다. 위험한 작업 환경에서도 기계가 작업을 수행하므로, 인력의 안전성을 높일 수 있습니다.

제3항. 드론과 자동화 시스템의 통합

드론과 자동화 시스템의 통합은 농업의 효율성을 극대화하는 데 중요한 역할을 합니다. 이 두 기술을 함께 활용하면, 다음과 같은 효과를 얻을 수 있습니다.

가. 실시간 데이터 기반의 자동화

드론이 수집한 실시간 데이터는 자동화 시스템의 조작에 중요한 정보를 제공합니다. 예를 들어, 드론이 촬영한 작물의 상태를 분석하여 자동화된 파종 및 수확 시스템에 피드백을 제공하고, 시스템의 작동을 최적화할 수 있습니다.

나. 종합적인 농장 관리

드론과 자동화 시스템을 통합하여 종합적인 농장 관리를 구현할 수 있습니다. 예를 들어, 드론이 농장의 상태를 모니터링하고, 자동화 시스템이 이를 바탕으로 농업 작업을 수행합니다. 이를 통해 전체 농장 관리의 효율성을 높이고, 자원의 낭비를 줄일 수 있습니다.

다. 데이터 기반 의사 결정

드론과 자동화 시스템을 통해 수집된 데이터는 농업 작업의 의사 결정을 지원합니다. 예를 들어, 드론이 제공하는 데이터 분석 결과를 바탕으로 자동화된 시스템의 조정을 통해 최적의 농업 작업을 수행할 수 있습니다.

제4항. 요약 정리

가. 결론

농업용 드론과 자동화 시스템은 현대 농업에서 혁신적인 변화를 가져오고 있습니다. 드론을 활용한 항공 촬영과 작물 모니터링, 자동화된 파종 및 수확 시스템은 농업의 생산성과 효율성을 크게 향상시키는 데 기여하고 있습니다. 이 기술들은 데이터 기반의 접근 방식을 통해 농업의 각 작업을 최적화하고, 자원의 효율적인 사용을 가능하게 합니다. 농업의 미래를 변화시키는 이러한 기술들은 보다 스마트하고 지속 가능한 농업 실현을 위한 핵심 요소로 자리잡고 있습니다. 스마트 농업 기술의 발전과 도입은 농업의 생산성을 향상시키고, 글로벌 식량 문제 해결에 기여할 것입니다.

나. 추가 학습 질문

Q1: 농업용 드론을 활용하여 얻은 데이터가 자동화된 파종 및 수확 시스템에 어떻게 적용되며, 이로 인해 얻을 수 있는 구체적인 이점은 무엇인가요?

Q2: 자동화된 수확 시스템의 도입이 농업의 생산성과 작업 안전성에 미치는 영향은 어떤 것들이 있을까요?

Q3: 드론과 자동화 시스템의 통합이 농장 관리의 효율성을 높이는 구체적인 사례는 어떤 것들이 있나요?

제3절

스마트 센서와 IoT 기술

스마트 농업의 중심에는 최신 기술들이 자리잡고 있습니다. 그 중에서도 IoT(사물인터넷) 기술과 스마트 센서의 통합은 농업 운영에 혁신적인 변화를 가져오고 있습니다. 이 절에서는 스마트 센서와 IoT 기술을 활용하여 농장 내 다양한 환경 요소를 실시간으로 모니터링하고, 데이터 분석을 통해 농작물 관리의 정확성을 높이는 방법을 설명합니다. 이를 통해 농업 운영의 최적화와 생산성 향상에 기여하는 방식에 대해 논의하겠습니다.

제1항. IoT 기술의 기본 개념과 농업 적용

IoT(사물인터넷) 기술은 다양한 물리적 장치들이 인터넷을 통해 연결되어 데이터를 수집하고 전송하는 시스템을 의미합니다. 농업 분야에서는 이 기술을 활용하여 농장의 환경 요소를 실시간으로 모니터링하고, 데이터를 분석하여 의사 결정을 지원합니다.

가. IoT 기술의 정의와 원리

IoT 기술의 핵심은 센서와 네트워크 연결을 통한 데이터 수집과 전송입니다. 다양한 센서가 농장의 온도, 습도, 조도, 토양 상태 등을 측정하고, 이 데이터를 클라우드 서버로 전송합니다. 서버는 수집된 데이터를 분석하여 농업 작업에 필요한 정보를 제공합니다. 이 과정에서 IoT 기술은 다음과 같은 원리를 따릅니다.

- **센서:** 농업 환경에서 측정할 데이터는 온도, 습도, 토양 수분 등 다양합니다. 각 센서는 이러한 데이터를 실시간으로 측정하여 수집합니다.
- **네트워크 연결:** 측정된 데이터는 무선 네트워크를 통해 클라우드 서버로 전송됩니다. 이 연결은 Wi-Fi, 셀룰러 네트워크, 광역 네트워크(Long Range Wide-Area Network) 등 다양한 방식으로 이루어질 수 있습니다.
- **데이터 분석:** 클라우드 서버에서는 수집된 데이터를 분석하여 농업 작업에 필요한 인사이트를 제공합니다. 데이터 분석 결과는 대시보드 형태로 제공되며, 농업 운영자에게 실시간으로 피드백을 줍니다.

나. 농업에서의 IoT 기술 적용

IoT 기술의 적용은 농업의 모든 측면에 영향을 미칩니다. 구체적으로, 다음과 같은 분야에서 활용됩니다.

- **환경 모니터링:** 농장 내 다양한 환경 요소를 실시간으로 모니터링하여 농작물의 성장에 최적화된 조건을 유지할 수 있습니다. 예를 들어, 온도와 습도를 정확히 측정하고, 필요에 따라 조절하는 시스템이 구현됩니다.

- **자원 관리:** 물, 비료, 농약 등의 자원을 효율적으로 관리할 수 있습니다. IoT 센서를 통해 자원의 사용량을 모니터링하고, 필요에 따라 자동으로 조절하는 시스템을 구축할 수 있습니다.
- **문제 조기 감지:** 센서 데이터를 통해 문제를 조기에 감지하고, 신속하게 대응할 수 있습니다. 예를 들어, 토양의 수분 부족을 감지하여 즉시 급수 시스템을 가동할 수 있습니다.

제2항. 스마트 센서의 역할과 기술

스마트 센서는 농업에서 실시간 데이터 수집을 위한 핵심 장치입니다. 이들은 환경의 다양한 변수를 측정하고, 데이터의 정확성과 신뢰성을 높이는 데 기여합니다.

가. 스마트 센서의 주요 유형

스마트 센서는 농업 환경에서 측정할 수 있는 다양한 변수에 맞춰 설계됩니다. 주요 유형은 다음과 같습니다.

- **온도 센서:** 농장 내 온도를 측정하여 작물의 생육에 적합한 온도를 유지할 수 있도록 합니다. 온도 변화는 작물의 성장에 큰 영향을 미치므로, 이를 정확히 모니터링하는 것이 중요합니다.
- **습도 센서:** 농장 내 공기와 토양의 습도를 측정하여 적절한 수분 상태를 유지할 수 있습니다. 습도는 작물의 생육과 병해충 발생에 큰 영향을 미치기 때문에, 이를 정확히 관리하는 것이 필요합니다.

- **토양 수분 센서:** 토양의 수분 상태를 실시간으로 측정하여 급수 시스템을 효율적으로 운영할 수 있습니다. 적절한 수분 관리가 이루어져야 작물이 건강하게 성장할 수 있습니다.
- **조도 센서:** 농장 내 조도 상태를 측정하여 작물의 광합성에 필요한 빛의 양을 최적화할 수 있습니다. 조도의 변화는 작물의 성장에 직접적인 영향을 미칩니다.

나. 스마트 센서의 장점과 한계

스마트 센서는 농업 운영의 효율성을 높이는 데 기여하지만, 몇 가지 장점과 한계를 가지고 있습니다.

〈장점〉

- **정확한 데이터 수집:** 스마트 센서는 고정밀로 데이터를 측정하여 농업 운영에 필요한 정확한 정보를 제공합니다.
- **실시간 모니터링:** 센서를 통해 실시간으로 환경 변화를 모니터링할 수 있어, 신속한 대응이 가능합니다.
- **자동화 지원:** 센서 데이터를 기반으로 자동화된 시스템을 운영할 수 있어, 작업의 효율성을 높일 수 있습니다.

〈한계〉

- **초기 비용:** 스마트 센서와 관련 시스템의 초기 설치 비용이 상대적으로 높은 경우가 많습니다.
- **유지보수:** 센서의 유지보수와 교체가 필요하며, 이를 관리하는 데 추

가적인 비용과 노력이 필요할 수 있습니다.

- **데이터 관리:** 대량의 데이터를 수집하고 분석하는 과정에서 데이터 관리의 복잡성이 증가할 수 있습니다.

제3항. 데이터 분석과 농업 운영의 최적화

스마트 센서와 IoT 기술을 통해 수집된 데이터는 농업 운영의 최적화를 지원하는 핵심 요소입니다. 이 데이터는 다음과 같은 방식으로 활용됩니다.

가. 데이터 기반 의사 결정

수집된 데이터는 농업 운영의 의사 결정을 지원합니다. 예를 들어, 온도와 습도 데이터를 분석하여 최적의 급수 시점을 결정하거나, 토양 수분 데이터를 바탕으로 비료와 물의 공급량을 조절할 수 있습니다. 데이터 분석을 통해 문제를 사전에 예방하고, 운영의 효율성을 높일 수 있습니다.

나. 자원 관리의 효율화

데이터 분석을 통해 자원의 사용을 효율적으로 관리할 수 있습니다. 예를 들어, IoT 기술을 이용해 자원의 사용 패턴을 분석하고, 이를 기반으로 자원의 공급을 조절할 수 있습니다. 이를 통해 자원의 낭비를 줄이고, 비용을 절감할 수 있습니다.

다. 농업 작업의 자동화

스마트 센서와 IoT 기술을 통해 농업 작업의 자동화를 구현할 수 있습니다. 예를 들어, 온도와 습도 센서의 데이터를 바탕으로 자동으로 급수 시스템을 조절하거나, 수확 시점을 예측하여 자동으로 수확 작업을 수행할 수 있습니다. 이를 통해 작업의 효율성을 높이고, 인력의 부담을 줄일 수 있습니다.

제4항. 요약 정리

가. 결론

스마트 센서와 IoT 기술은 현대 농업의 중요한 구성 요소로 자리잡고 있습니다. 이 기술들은 환경 요소를 실시간으로 모니터링하고, 데이터 분석을 통해 농업 운영의 정확성을 높이는 데 기여하고 있습니다. IoT 기술과 스마트 센서를 활용하여 농업 작업을 최적화하고, 자원의 사용을 효율적으로 관리하는 것은 지속 가능한 농업 실현에 필수적입니다. 미래의 농업은 이러한 기술을 기반으로 더욱 정교하고 효율적인 운영을 구현할 것이며, 이는 글로벌 식량 문제 해결에 기여하는 중요한 발판이 될 것입니다.

나. 추가 학습 질문

Q1: 스마트 센서와 IoT 기술을 활용하여 농업의 자원 관리를 어떻게 효율적으로 할 수 있으며, 그로 인해 얻을 수 있는 구체적인 이점은 무엇인가요?

Q2: IoT 기술과 스마트 센서를 통해 실시간으로 수집된 데이터는 농업 작업의 의사 결정에 어떻게 기여하며, 이를 통해 어떤 문제를 해결할 수

있나요?

Q3: 스마트 센서와 IoT 기술의 도입에 따른 초기 비용과 유지보수 문제를 해결하기 위한 전략은 무엇이며, 이를 통해 농업의 비용 효율성을 어떻게 개선할 수 있을까요?

제4절

AI와 머신러닝의 활용

스마트 농업의 혁신적 진전을 이끄는 핵심 기술 중 하나는 인공지능(AI)과 머신러닝입니다. 이 두 기술은 데이터 분석의 새로운 지평을 열어주며, 농작물의 성장 예측, 질병 감지, 생산성 최적화 등 여러 방면에서 농업의 효율성을 극대화하는 데 기여하고 있습니다. 이 절에서는 AI와 머신러닝의 원리와 이들이 농업에 미치는 영향, 그리고 실제 적용 사례를 통해 이들 기술이 어떻게 농업의 미래를 형성하고 있는지를 상세히 설명하겠습니다.

제1항. AI와 머신러닝의 기본 개념

가. AI와 머신러닝의 정의

AI(인공지능)는 인간의 지능을 모방하여 문제를 해결하고 학습하는 기술을 의미합니다. 머신러닝은 AI의 하위 분야로, 데이터로부터 학습하여 예측 모델을 개발하고, 주어진 문제를 해결하기 위해 패턴을 인식하는 알고리즘을 사용합니다. 두 기술 모두 데이터의 분석과 예측을 통해 복잡한 문제를 해결하는 데 필수적입니다.

- **AI(인공지능):** AI는 컴퓨터 시스템이 인간의 지능적 작업을 수행할 수 있도록 하는 기술로, 문제 해결, 의사 결정, 학습 및 적응을 포함합니다.
- **머신러닝:** 머신러닝은 AI의 한 분야로, 데이터로부터 패턴을 학습하고 이를 기반으로 예측이나 결정을 내리는 알고리즘을 개발하는 과정입니다.

나. AI와 머신러닝의 적용 분야

AI와 머신러닝은 다양한 분야에서 활용되며, 특히 데이터가 중요한 농업에서는 그 가능성이 무궁무진합니다. 농업에서의 주요 활용 분야는 다음과 같습니다.

- **성장 예측:** 농작물의 성장 예측을 통해 최적의 재배 시기를 결정하고, 필요한 자원을 효율적으로 배분할 수 있습니다.
- **질병 감지:** AI 기반의 이미지 인식 기술을 통해 농작물의 질병이나 해충을 조기에 감지하고, 이에 적절히 대응할 수 있습니다.
- **생산성 최적화:** 머신러닝 알고리즘을 활용하여 농업 운영의 다양한 요소를 분석하고, 생산성을 극대화하기 위한 전략을 수립할 수 있습니다.

제2항. AI 기반 성장 예측

농작물의 성장 예측은 생산성 향상의 핵심 요소 중 하나입니다. AI는 다양한 데이터 소스를 분석하여 작물의 성장 패턴을 예측하고, 이를 통해 농업 운영의 효율성을 높일 수 있습니다.

가. 예측 모델의 구성

성장 예측을 위한 AI 모델은 다음과 같은 데이터와 기술을 활용합니다.

- **기후 데이터:** 온도, 습도, 강수량 등 기후 조건은 농작물의 성장에 직접적인 영향을 미칩니다. 이러한 데이터를 분석하여 성장 예측 모델을 구축합니다.
- **토양 데이터:** 토양의 영양 성분, 수분 상태 등도 농작물의 성장에 중요한 요소입니다. 이 데이터를 수집하여 예측 모델에 반영합니다.
- **작물의 성장 이력:** 과거의 작물 성장 데이터를 바탕으로 현재의 성장 패턴을 예측합니다.

나. 예측 모델의 활용

성장 예측 모델은 농업 운영에 다음과 같은 방식으로 활용됩니다.

- **최적의 재배 시기 결정:** 예측 모델을 통해 최적의 파종 시기와 수확 시기를 결정하여 생산성을 높일 수 있습니다.
- **자원 배분 최적화:** 예측 데이터를 기반으로 자원의 배분을 조절하고, 필요한 자원을 효율적으로 관리할 수 있습니다.
- **위험 관리:** 예측 모델을 통해 잠재적인 위험 요소를 사전에 감지하고, 이에 대한 대응 전략을 수립할 수 있습니다.

제3항. 질병 감지와 예방

농작물의 질병이나 해충은 생산성에 큰 영향을 미칩니다. AI와 머신러닝은 이러한 문제를 조기에 감지하고, 효과적으로 대응할 수 있는 도구를 제공합니다.

가. 이미지 인식 기술

AI 기반의 이미지 인식 기술은 농작물의 질병을 자동으로 감지하는 데 사용됩니다. 이 기술은 다음과 같은 과정을 통해 질병을 감지합니다.

- **이미지 데이터 수집:** 농작물의 이미지를 고해상도로 촬영하여 데이터베이스에 저장합니다.
- **AI 모델 학습:** 수집된 이미지를 분석하여 질병 패턴을 인식하는 AI 모델을 학습시킵니다. 이를 통해 질병의 특성과 증상을 자동으로 감지할 수 있습니다.
- **실시간 모니터링:** 실시간으로 촬영된 이미지를 분석하여 질병의 조기 경고를 제공합니다.

나. 질병 대응 전략

질병 감지 기술을 활용하여 다음과 같은 대응 전략을 수립할 수 있습니다.

- **조기 경고 시스템:** 질병이 감지되면 즉시 경고를 보내고, 필요한 조치를 취할 수 있습니다.

- **정밀 치료:** 감지된 질병의 특성에 맞는 맞춤형 치료 방법을 적용하여 효율적으로 대응할 수 있습니다.
- **예방 조치:** 질병 발생의 원인을 분석하여 예방 조치를 취하고, 향후 발생 가능성을 줄일 수 있습니다.

제4항. 생산성 최적화

AI와 머신러닝을 통해 농업의 생산성을 극대화할 수 있습니다. 이를 위해 다양한 분석 기법과 알고리즘을 활용합니다.

가. 데이터 분석 기법

생산성 최적화를 위한 데이터 분석 기법은 다음과 같습니다.

- **회귀 분석:** 생산성과 관련된 다양한 변수 간의 관계를 분석하여 예측 모델을 개발합니다.
- **클러스터링:** 유사한 패턴을 가진 데이터를 그룹화하여 최적의 농업 운영 전략을 수립합니다.
- **의사 결정 트리:** 다양한 조건에 따른 최적의 의사 결정을 지원하는 모델을 개발합니다.

나. 적용 사례

AI와 머신러닝을 활용한 생산성 최적화의 실제 적용 사례는 다음과 같습니다.

- **자동화된 재배 시스템:** 머신러닝 알고리즘을 활용하여 자동으로 자원을 조절하고, 생산성을 극대화하는 시스템을 구축할 수 있습니다.
- **에너지 관리:** 에너지 소비를 최적화하여 비용을 절감하고, 환경 영향을 최소화하는 전략을 수립합니다.
- **작물 품질 개선:** AI 분석을 통해 작물의 품질을 개선하고, 고품질 제품을 생산할 수 있습니다.

제5항. 요약 정리

가. 결론

AI와 머신러닝은 농업의 미래를 형성하는 중요한 기술입니다. 이들은 농작물의 성장 예측, 질병 감지, 생산성 최적화 등 다양한 방면에서 농업 운영의 효율성을 극대화하는 데 기여하고 있습니다. 기술의 발전과 함께 AI와 머신러닝의 활용 범위는 더욱 넓어지고 있으며, 이는 지속 가능한 농업 실현에 중요한 역할을 할 것입니다. 농업의 미래는 이러한 혁신적인 기술을 통해 더욱 정교하고 효율적인 운영을 가능하게 할 것이며, 이는 글로벌 식량 문제 해결의 중요한 열쇠가 될 것입니다.

나. 추가 학습 질문

Q1: AI와 머신러닝을 활용한 성장 예측 모델의 정확성을 높이기 위해 어떤 데이터와 기술이 필요하며, 이를 통해 농업 운영에 어떤 구체적인 혜택을 기대할 수 있나요?

Q2: AI 기반의 이미지 인식 기술을 사용하여 농작물의 질병을 감지하

는 과정에서 발생할 수 있는 주요 도전 과제는 무엇이며, 이를 해결하기 위한 전략은 무엇인가요?

Q3: AI와 머신러닝을 통한 생산성 최적화가 농업의 지속 가능성에 어떤 영향을 미치며, 이를 통해 농업 운영의 효율성을 어떻게 극대화할 수 있을까요?

제4장

스마트
수산업 기술의 적용

제1절

스마트 양식 기술

스마트 수산업, 특히 스마트 양식 기술은 전통적인 수산업의 한계를 뛰어넘어 지속 가능한 수산물 생산을 가능하게 하는 혁신적인 분야입니다. 기술의 발전과 함께 우리는 더 이상 자연의 불확실성에만 의존하지 않고, 과학과 기술의 도움으로 양식장을 더욱 효율적이고 생산적으로 운영할 수 있습니다. 이 절에서는 스마트 양식 기술의 핵심 요소와 그것이 수산업에 미치는 긍정적인 영향을 논리적으로 설명하고, 실제 사례를 통해 그 가능성을 구체적으로 제시하겠습니다.

제1항. 스마트 양식의 개념과 필요성

가. 스마트 양식의 정의

스마트 양식은 정보통신기술(ICT), 자동화 시스템, 인공지능(AI), 사물인터넷(IoT) 등의 첨단 기술을 수산 양식에 접목한 것을 의미합니다. 이는 양식장의 환경을 정밀하게 제어하고, 자원의 효율적인 관리를 통해 생산성을 극대화하는 데 중점을 둡니다. 스마트 양식은 특히 전통적인 양식의 문제점, 예를 들어 자원 낭비, 질병 관리의 어려움, 환경 오염 등의 문제를 해결하는 데 있어 매우 효과적입니다.

나. 스마트 양식의 필요성

기후 변화와 인구 증가로 인한 식량 문제는 현대 사회의 큰 도전 과제 중 하나입니다. 수산업은 세계 식량 공급에 중요한 역할을 하고 있으며, 특히 양식업은 어획량의 한계를 극복할 수 있는 중요한 대안으로 떠오르고 있습니다. 그러나 전통적인 양식 방식은 자원의 낭비와 환경 오염, 비효율적인 관리로 인해 여러 문제를 안고 있습니다. 이러한 상황에서 스마트 양식은 환경에 미치는 영향을 최소화하면서도 생산성을 높일 수 있는 혁신적인 해법을 제공합니다.

제2항. 스마트 양식 기술의 주요 요소

가. 자동화된 먹이 공급 시스템

스마트 양식 기술의 핵심 요소 중 하나는 자동화된 먹이 공급 시스템입니다. 이 시스템은 양식장에서 사육하는 어류의 종류, 크기, 성장 단계에 맞춰 먹이의 양과 공급 시간을 자동으로 조절합니다. 이를 통해 사료의 낭비를 줄이고, 어류의 성장 속도를 최적화할 수 있습니다.

- **정밀 먹이 공급:** 자동화 시스템은 센서와 AI를 활용해 어류의 상태를 실시간으로 모니터링하고, 이에 맞춰 정확한 양의 먹이를 공급합니다. 이는 과잉 공급으로 인한 사료 낭비와 수질 오염을 방지하는 데 큰 역할을 합니다.

- **효율적 자원 관리:** 먹이 공급의 자동화는 양식장의 인력 부담을 줄이는 동시에, 사료 비용을 절감하는 효과를 가져옵니다. 또한, 어류의 건강 상태를 개선하여 질병 발생률을 낮추고, 최종적으로 수익성을 높이는 데 기여합니다.

나. 수질 모니터링 및 환경 제어 기술

수질 관리와 환경 제어는 양식장의 성공에 있어 매우 중요한 요소입니다. 스마트 양식 기술은 IoT와 센서를 활용하여 양식장의 수질을 실시간으로 모니터링하고, 최적의 환경을 유지하는 데 필요한 조치를 자동으로 수행합니다.

- **실시간 수질 모니터링:** 스마트 센서는 pH, 온도, 산소 농도, 염도 등 수질의 주요 요소를 지속적으로 측정합니다. 이러한 데이터는 중앙 제어 시스템으로 전송되어 분석되며, 필요시 즉각적인 조치를 취할 수 있습니다.
- **자동화된 환경 제어:** 환경 제어 시스템은 수질 데이터에 기반해 자동으로 환기, 여과, 산소 공급 등을 조절합니다. 이는 어류의 스트레스를 줄이고, 건강한 성장 환경을 조성하는 데 중요한 역할을 합니다.

다. 빅데이터와 AI를 활용한 관리 최적화

스마트 양식의 또 다른 중요한 측면은 빅데이터와 AI를 활용한 양식장 관리의 최적화입니다. 축적된 데이터를 바탕으로 운영 전략을 세우고, AI가 이를 분석하여 최적의 양식 환경을 유지하는 방안을 제안합니다.

- **데이터 기반 의사 결정:** 빅데이터는 양식장의 운영 효율성을 높이는 데 중요한 역할을 합니다. 예를 들어, 수년간의 기후, 수질, 어류 성장 데이터를 분석해 최적의 양식 환경을 예측하고 조절할 수 있습니다.
- **AI 예측 모델:** AI는 어류의 성장 패턴과 시장 수요를 분석하여, 수익성을 극대화할 수 있는 양식 전략을 제안합니다. 예를 들어, 특정 시기에 어떤 종을 얼마나 사육해야 하는지에 대한 예측을 통해 자원 관리의 효율성을 높일 수 있습니다.

제3항. 스마트 양식의 실제 적용 사례

가. 성공적인 스마트 양식장 사례

스마트 양식 기술은 이미 여러 양식장에서 성공적으로 적용되고 있으며, 그 결과는 매우 긍정적입니다. 이 항에서는 스마트 양식의 성공적인 사례를 살펴보고, 이를 통해 얻을 수 있는 교훈을 제시하겠습니다.

- **노르웨이의 연어 양식장:** 노르웨이는 스마트 양식 기술을 선도적으로 도입한 국가 중 하나입니다. 이들 양식장은 자동화된 먹이 공급 시스템과 수질 모니터링 기술을 통해 생산성을 크게 향상시켰으며, 질병 발생률도 현저히 줄어들었습니다.
- **일본의 스마트 양식장:** 일본의 한 스마트 양식장은 AI 기반의 환경 제어 시스템을 도입해, 온도와 산소 농도를 최적화함으로써 어류의 성장 속도를 20% 이상 증가시켰습니다. 이로 인해 시장에 더 빠르게, 더 높은 품질의 제품을 공급할 수 있었습니다.

나. 기술적 도전과 해결 방안

스마트 양식 기술의 도입에는 여러 기술적 도전이 따르지만, 이를 해결하는 과정에서 양식업계는 큰 발전을 이루어 왔습니다.

- **기술 도입의 초기 비용:** 스마트 양식 기술의 초기 설치와 운영 비용은 상당히 높을 수 있습니다. 그러나 장기적인 관점에서 보면, 자원 절약과 생산성 향상을 통해 이러한 비용은 충분히 회수될 수 있습니다.
- **기술 통합의 복잡성:** 여러 기술 시스템을 하나의 양식장에서 통합하는 것은 복잡할 수 있습니다. 이를 위해 통합 관리 플랫폼을 사용하고, 초기 도입 시 전문가의 조언을 받는 것이 중요합니다.

제4항. 요약 정리

가. 결론

스마트 양식 기술은 수산업의 미래를 바꾸고 있으며, 그 중요성은 날로 커지고 있습니다. 자동화된 먹이 공급 시스템, 수질 모니터링 및 환경 제어, 빅데이터와 AI를 통한 최적화는 스마트 양식의 핵심 요소로, 이를 통해 양식업은 더욱 효율적이고 지속 가능한 방식으로 발전하고 있습니다. 이러한 기술은 수산물 생산의 불확실성을 줄이고, 보다 안정적인 수익을 창출할 수 있는 길을 열어 줍니다. 앞으로 스마트 양식 기술이 더 널리 보급되고 발전할수록, 우리는 더 나은 품질의 수산물을 더 효율적으로 생산할 수 있을 것입니다. 이는 결국 인류의 식량 문제를 해결하는 중요한 열쇠가 될 것입니다.

나. 추가 학습 질문

Q1: 스마트 양식 기술 도입 시 초기 비용과 장기적인 비용 절감 효과를 비교하여 논할 수 있는 방법은 무엇이 있을까요?

Q2: 자동화된 먹이 공급 시스템이 어류의 성장 속도와 건강 상태에 어떤 구체적인 영향을 미치는지 설명해 줄 수 있나요?

Q3: 수질 모니터링 기술을 통해 양식장에서 발생할 수 있는 주요 환경 문제를 어떻게 예방할 수 있을까요?

제2절

해양 데이터 분석과 관리

해양은 지구상에서 가장 광활하고 복잡한 생태계 중 하나로, 수산업의 주요 자원인 어류와 해양 생물의 서식지입니다. 하지만 현대에 들어선 인류의 경제 활동이 해양 환경에 미치는 영향은 점점 커지고 있으며, 이는 지속 가능한 자원 관리의 필요성을 한층 더 강조하고 있습니다. 이 과정에서 데이터 분석과 관리의 중요성은 그 어느 때보다 커졌습니다. 빅데이터와 인공지능(AI)을 활용한 해양 데이터 분석은 수산업의 생산성을 극대화하면서도 환경을 보호하는 데 중대한 역할을 하고 있습니다.

이 절에서는 해양 데이터의 수집과 분석 방법, 그리고 이러한 데이터를 기반으로 한 자원 관리 전략에 대해 심도 있게 다루고자 합니다. 해양 데이터 분석이란 무엇인지, 그리고 왜 필요한지에 대해 논의하며, 이러한 기술들이 실제로 어떻게 적용되고 있는지 구체적인 사례를 통해 설명하겠습니다.

제1항. 해양 데이터 분석의 필요성과 개요

가. 복잡한 해양 환경의 이해

해양은 지구 표면의 70% 이상을 차지하고 있으며, 다양한 생태계와 자원을 포함하고 있습니다. 하지만 해양 환경은 그 복잡성과 변동성으로 인해 이해하고 관리하기가 매우 어렵습니다. 전통적인 방법으로는 해양 환경의 변화를 실시간으로 모니터링하거나, 자원의 상태를 정확히 파악하는 데 한계가 있었습니다. 이러한 한계를 극복하기 위해 해양 데이터 분석이 필요합니다.

- **다양한 데이터 소스:** 해양 데이터는 다양한 출처에서 수집됩니다. 위성, 수중 드론, 부표, 선박 등 다양한 장비를 통해 수온, 염도, 해류, 해양 생물의 분포 등 여러 요소에 대한 데이터를 실시간으로 수집할 수 있습니다. 이처럼 방대한 양의 데이터를 처리하고 분석하는 것이 빅데이터와 AI 기술의 핵심입니다.
- **정교한 데이터 분석:** 해양 데이터는 그 양과 복잡성 때문에 단순한 분석만으로는 충분한 인사이트를 도출하기 어렵습니다. AI와 머신러닝 알고리즘을 활용하면 데이터를 빠르고 정확하게 분석할 수 있으며, 이는 해양 자원의 상태를 예측하고 관리하는 데 중요한 역할을 합니다.

나. 해양 자원 관리의 중요성

해양 자원은 인류의 생존과 직결된 중요한 자원입니다. 하지만 최근 몇

십 년간 과도한 어획과 환경 오염으로 인해 해양 자원은 빠르게 고갈되고 있습니다. 이러한 문제를 해결하기 위해서는 해양 자원의 정확한 상태를 파악하고, 이를 바탕으로 지속 가능한 자원 관리 방안을 마련하는 것이 필요합니다. 데이터 분석은 해양 자원의 상태를 실시간으로 모니터링하고, 자원의 고갈을 예방하는 데 큰 역할을 합니다.

- **자원 관리:** 데이터를 기반으로 한 자원 관리는 어획량을 예측하고, 자원의 사용량을 조절하여 자원의 고갈을 방지할 수 있습니다. 또한, 데이터 분석을 통해 해양 생태계의 변화를 신속하게 파악하고 대응할 수 있습니다.
- **환경 보호:** 해양 환경의 변화를 실시간으로 모니터링하여 환경 오염을 예방하거나 최소화할 수 있습니다. 이를 통해 해양 생태계를 보호하고, 지속 가능한 수산업을 구현할 수 있습니다.

제2항. 빅데이터와 AI를 활용한 해양 데이터 분석

가. 빅데이터의 역할

빅데이터는 해양 환경과 자원 관리를 위한 중요한 도구로 자리 잡고 있습니다. 이는 방대한 양의 데이터를 수집, 저장, 분석하여 실시간으로 유의미한 인사이트를 제공할 수 있습니다. 빅데이터는 해양 환경의 복잡성을 이해하고, 그 변화를 예측하는 데 있어 필수적인 역할을 합니다.

- **데이터 수집 및 처리:** 해양 데이터는 위성, 드론, 센서 등을 통해 수집

되며, 이 과정에서 수집된 데이터는 매우 방대하고 복잡합니다. 빅데이터 기술은 이러한 방대한 양의 데이터를 처리하고, 유의미한 패턴과 정보를 추출하는 데 중요한 역할을 합니다.

- **패턴 분석:** 빅데이터 분석은 해양 환경의 변화를 이해하고, 미래의 변화를 예측하는 데 유용합니다. 예를 들어, 어획량 변화를 예측하거나, 특정 해양 생물의 개체 수 변화를 분석하여 자원의 고갈을 방지할 수 있습니다.

나. 인공지능의 활용

인공지능(AI)은 해양 데이터 분석에서 중요한 역할을 합니다. AI는 방대한 데이터를 처리하고, 이를 통해 유의미한 인사이트를 도출할 수 있습니다. 특히 머신러닝 알고리즘은 데이터를 분석하고, 이를 기반으로 예측 모델을 만들어 냅니다.

- **예측 모델:** AI를 활용한 예측 모델은 해양 자원의 변화를 예측하고, 자원 관리에 필요한 정보를 제공합니다. 예를 들어, AI를 통해 특정 어종의 개체 수 변화를 예측하고, 이를 기반으로 어획량을 조절할 수 있습니다.
- **실시간 모니터링:** AI는 해양 환경을 실시간으로 모니터링하고, 이상 징후를 빠르게 감지할 수 있습니다. 이를 통해 환경 오염을 예방하고, 자원의 고갈을 막을 수 있습니다.

제3항. 해양 데이터 관리의 실제 적용 사례

가. 어획량 예측 및 자원 관리

해양 데이터 분석은 어획량 예측과 자원 관리에서 중요한 역할을 합니다. 빅데이터와 AI를 활용하여 어획량을 예측하고, 이를 기반으로 어획량을 조절하여 자원의 고갈을 방지할 수 있습니다.

- **대서양 참치 어획량 관리:** 대서양에서는 참치 어획량을 예측하기 위해 빅데이터와 AI를 활용하고 있습니다. 이를 통해 어획량을 조절하고, 자원의 고갈을 방지하고 있습니다.
- **오염 물질 관리:** AI를 활용하여 해양 환경에서 발생하는 오염 물질을 실시간으로 모니터링하고, 이를 통해 환경 오염을 예방하고 있습니다.

나. 해양 생태계 보호

해양 데이터 분석은 해양 생태계를 보호하는 데도 중요한 역할을 합니다. 데이터를 기반으로 해양 생태계의 변화를 모니터링하고, 이를 통해 생태계를 보호할 수 있습니다.

- **산호초 보호:** AI를 활용하여 산호초의 상태를 실시간으로 모니터링하고, 이를 통해 산호초를 보호하고 있습니다.
- **해양 생물 보호:** 빅데이터를 활용하여 해양 생물의 서식지를 보호하고, 이를 통해 해양 생태계를 유지하고 있습니다.

제4항. 요약 정리

가. 결론

해양 데이터 분석과 관리의 중요성은 날로 커지고 있습니다. 빅데이터와 AI를 활용한 해양 데이터 분석은 해양 자원의 지속 가능한 관리와 해양 생태계 보호에 중대한 역할을 하고 있습니다. 데이터 분석을 통해 해양 자원의 상태를 정확히 파악하고, 이를 기반으로 자원 관리 전략을 수립하여 자원의 고갈을 방지하고, 환경 오염을 예방할 수 있습니다.

이러한 기술의 발전은 앞으로 수산업이 나아갈 방향을 제시하며, 지속 가능한 수산업의 구현에 중요한 역할을 할 것입니다. 해양 데이터 분석과 관리의 중요성을 인식하고, 이를 적극적으로 활용하는 것이야말로 미래의 수산업을 위한 필수적인 과제가 될 것입니다.

나. 추가 학습 질문

Q1: AI와 빅데이터 기술의 통합이 해양 생태계를 넘어 다른 환경 모니터링 노력에 어떻게 기여할 수 있을까요?

Q2: 해양 자원 관리를 위해 AI와 빅데이터에 의존할 때 발생할 수 있는 잠재적인 도전 과제나 윤리적 우려는 무엇일까요?

Q3: 실시간 해양 자원 모니터링이 전 세계 어업 산업과 어업에 의존하는 지역 사회에 어떤 영향을 미칠 수 있을까요?

제3절

로봇 공학과 수중 드론

수산업의 발전은 해양 자원의 지속 가능한 관리와 생산성 향상을 위한 기술 혁신에 크게 의존하고 있습니다. 특히, 로봇 공학과 수중 드론의 도입은 수산업의 자동화와 효율성 제고에 중대한 역할을 하고 있습니다. 이 절에서는 로봇 공학과 수중 드론이 수산업에서 어떻게 활용되고 있는지, 그리고 이들 기술이 가져오는 이점과 도전 과제를 탐구합니다.

제1항. 로봇 공학의 발전과 수산업에의 적용

가. 로봇 공학의 기초와 발전

로봇 공학은 다양한 산업에서 이미 널리 사용되고 있으며, 이제는 수산업에서도 중요한 역할을 맡고 있습니다. 로봇 공학의 발전은 복잡한 작업을 보다 정밀하고 효율적으로 수행할 수 있게 해 주며, 이는 특히 해양과 같은 위험하고 접근이 어려운 환경에서 큰 이점을 제공합니다.

- **로봇의 종류와 기능:** 로봇 공학은 다양한 형태의 로봇을 포함합니다. 예를 들어, 물속에서 작업할 수 있는 수중 로봇, 복잡한 해양 생태계

를 조사하는 데 사용되는 로봇 등이 있습니다. 이들 로봇은 고도의 센서와 인공지능을 활용하여 수중 환경에서 자율적으로 작동할 수 있습니다.

- **로봇 공학의 발전:** 로봇 공학은 지속적으로 발전하고 있으며, 이러한 발전은 수산업의 자동화 수준을 한층 더 높이고 있습니다. 로봇은 수중 환경에서의 작업, 양식장의 관리, 해양 자원 조사 등 다양한 작업을 수행할 수 있습니다.

나. 수산업에서의 로봇 공학 활용

수산업에서 로봇 공학은 주로 양식 관리와 해양 자원 조사에 사용됩니다. 로봇은 인간의 개입을 최소화하면서도 정밀하고 효율적인 작업을 수행할 수 있으며, 이는 생산성 향상과 비용 절감에 크게 기여합니다.

- **양식 관리:** 로봇은 양식장에서 자동으로 먹이를 공급하거나, 양식장의 상태를 모니터링하는 데 사용됩니다. 예를 들어, 로봇은 물의 온도와 염도를 실시간으로 측정하여 이상 징후를 조기에 감지하고 대응할 수 있습니다.
- **해양 자원 조사:** 로봇은 해양 자원을 조사하고, 수중 환경을 모니터링하는 데 중요한 역할을 합니다. 로봇은 깊은 바다에서도 자율적으로 작동하며, 해저의 상태를 분석하고 데이터를 수집할 수 있습니다. 이는 해양 자원의 관리와 보호에 중요한 정보를 제공합니다.

제2항. 수중 드론의 기술적 특징과 응용

가. 수중 드론의 기술적 진보

수중 드론은 수산업에서 점점 더 중요한 도구로 자리 잡고 있습니다. 이들은 복잡하고 광활한 해양 환경을 탐사하고, 실시간으로 데이터를 수집하는 데 사용됩니다. 수중 드론은 정교한 센서와 카메라를 장착하여 해양 생태계의 상태를 파악하고, 자원의 위치를 탐지하는 데 유용합니다.

- **수중 드론의 구조:** 수중 드론은 주로 소형화된 디자인으로 제작되어 좁은 공간이나 접근이 어려운 지역에서도 효과적으로 작동할 수 있습니다. 이들은 강력한 프로펠러와 내구성 있는 외관을 갖추고 있어, 심해에서도 안정적으로 작동할 수 있습니다.
- **기술적 기능:** 수중 드론은 고해상도의 카메라, 음파 탐지기, 환경 센서 등 다양한 기술을 통합하여 해양 자원을 조사하고 모니터링합니다. 이들은 인간의 접근이 어려운 심해까지 탐사할 수 있으며, 데이터를 실시간으로 전송하여 해양 환경의 변화를 즉시 파악할 수 있습니다.

나. 수산업에서의 수중 드론 활용 사례

수중 드론은 수산업의 여러 분야에서 활용되고 있으며, 특히 양식 관리와 해양 자원 조사에 중요한 역할을 하고 있습니다. 수중 드론의 사용은 수산업의 효율성을 높이고, 환경에 대한 영향력을 최소화하는 데 기여하고 있습니다.

- **자원 조사와 모니터링:** 수중 드론은 해양 자원의 위치를 정확하게 파악하고, 해양 환경의 변화를 실시간으로 모니터링하는 데 사용됩니다. 예를 들어, 어종의 분포를 조사하거나, 해양 생태계의 상태를 분석하는 데 효과적입니다.
- **양식장의 상태 관리:** 수중 드론은 양식장의 상태를 정밀하게 모니터링하고, 물의 온도, 염도, 산소 농도 등을 실시간으로 측정할 수 있습니다. 이를 통해 양식장의 환경을 최적화하고, 생산성을 극대화할 수 있습니다.

제3항. 로봇 공학과 수중 드론이 가져오는 이점과 도전 과제

가. 이점

로봇 공학과 수중 드론의 도입은 수산업에 많은 이점을 가져다줍니다. 이들 기술은 수산업의 자동화 수준을 높이고, 작업의 정밀성과 효율성을 극대화하며, 인력 비용을 절감할 수 있습니다.

- **효율성 증대:** 로봇과 수중 드론은 24시간 연속으로 작업할 수 있어, 인력 부족 문제를 해결하고, 생산성을 크게 향상시킬 수 있습니다. 또한, 이들 기술은 인간이 접근하기 어려운 환경에서도 정확한 작업을 수행할 수 있습니다.
- **비용 절감:** 로봇과 드론은 장기적으로 인력 비용을 절감할 수 있습니다. 초기 투자 비용은 높을 수 있으나, 이들 기술이 제공하는 효율성과 지속적인 작업 능력은 장기적으로 큰 경제적 이익을 가져올 수 있

습니다.

- **환경 보호:** 로봇과 드론은 해양 환경에 대한 영향을 최소화하면서 자원을 효율적으로 관리할 수 있는 도구입니다. 이들은 해양 생태계를 실시간으로 모니터링하고, 자원의 고갈을 방지할 수 있는 전략을 제공할 수 있습니다.

나. 도전 과제

그럼에도 불구하고, 로봇 공학과 수중 드론의 활용에는 몇 가지 도전 과제가 따릅니다. 기술적, 경제적, 환경적 측면에서의 문제들이 존재하며, 이는 향후 발전과 보완이 필요합니다.

- **기술적 한계:** 로봇과 드론은 아직도 기술적 한계를 가지고 있습니다. 예를 들어, 수중 드론의 배터리 수명, 심해에서의 데이터 전송 문제 등이 해결되어야 합니다. 또한, 고도의 기술을 필요로 하는 장비들이기 때문에, 유지 보수 비용이 상당히 높을 수 있습니다.
- **경제적 부담:** 이러한 기술의 도입에는 초기 비용이 많이 들며, 소규모 양식장이나 해양업체들에게는 큰 경제적 부담이 될 수 있습니다. 따라서, 정부나 관련 기관의 지원이 필요하며, 이를 통해 소규모 업체들도 이러한 기술을 도입할 수 있는 환경을 조성해야 합니다.
- **환경적 고려사항:** 로봇과 드론의 사용은 해양 환경에 긍정적인 영향을 미치기도 하지만, 이들의 생산과 폐기 과정에서 발생하는 환경적 영향에 대한 고려도 필요합니다. 지속 가능한 방식으로 기술을 개발하고 운영하는 것이 중요합니다.

제4항. 요약 정리

가. 결론

로봇 공학과 수중 드론의 도입은 수산업의 미래를 위한 중요한 발전입니다. 이들 기술은 수산업의 자동화, 효율성 증대, 그리고 환경 보호에 중요한 역할을 하고 있습니다. 그러나, 이와 같은 기술 발전이 가져올 수 있는 도전 과제들을 극복하기 위해서는 지속적인 연구와 개발, 그리고 지원이 필요합니다.

결국, 로봇 공학과 수중 드론의 성공적인 활용은 수산업의 지속 가능성과 생산성 증대를 동시에 달성하는 데 중요한 열쇠가 될 것입니다. 이러한 기술을 적극적으로 도입하고, 그 잠재력을 최대한 활용하는 것은 앞으로의 수산업이 직면할 여러 문제를 해결하는 데 필수적인 요소로 자리 잡을 것입니다.

나. 추가 학습 질문

Q1: 로봇 공학과 수중 드론 기술의 발전이 전통적인 수산업에 미치는 사회적 및 경제적 영향은 무엇일까요?

Q2: 로봇 공학과 수중 드론을 통해 해양 환경 보호를 강화하기 위해 어떤 추가적인 기술적 혁신이 필요할까요?

Q3: 수산업의 자동화가 진행됨에 따라 발생할 수 있는 윤리적 고려사항에는 어떤 것들이 있을까요?

제4절

수산물 유통의 디지털 혁신

오늘날의 글로벌 경제에서 신속하고 투명한 수산물 유통은 그 어느 때보다 중요한 이슈로 부각되고 있습니다. 디지털 기술의 발전은 수산물 유통의 기존 패러다임을 전복하고, 효율성을 극대화하며, 소비자에게 신뢰할 수 있는 정보를 제공하는 데 기여하고 있습니다. 특히, 블록체인과 디지털 플랫폼의 도입은 수산물 유통의 투명성을 높이고, 거래의 신속성을 개선하며, 복잡한 유통 과정을 간소화하는 데 핵심적인 역할을 하고 있습니다. 이 절에서는 이러한 디지털 혁신이 수산물 유통에 어떻게 영향을 미치고 있는지, 그리고 그로 인해 발생하는 기회와 도전 과제를 논의하겠습니다.

제1항. 수산물 유통의 현재와 문제점

가. 전통적인 유통 시스템의 한계

전통적인 수산물 유통 시스템은 복잡하고 불투명하며, 다수의 중개업체가 개입하여 효율성이 저하되는 경향이 있습니다. 수산물이 생산지에서 소비자에게 도달하는 데에는 많은 단계가 필요하며, 이 과정에서 발생하는 정보의 비대칭성과 추적의 어려움은 유통의 투명성을 떨어뜨립니다.

- **복잡한 유통 구조:** 전통적인 수산물 유통 과정은 생산자, 중개인, 도매상, 소매상, 그리고 최종 소비자까지 여러 단계를 거치며, 이 과정에서 발생하는 문제는 품질 저하와 가격 상승으로 이어질 수 있습니다.
- **불투명한 거래 과정:** 각 단계에서 정보가 불완전하게 전달되거나 왜곡될 수 있어, 소비자는 자신이 구매하는 수산물의 정확한 원산지나 품질을 알기 어렵습니다. 이는 소비자 신뢰도를 떨어뜨리고, 시장에서의 부정적인 영향을 초래할 수 있습니다.

나. 수산물 유통의 디지털화 필요성

이러한 문제를 해결하기 위해서는 유통 과정의 디지털화가 필요합니다. 디지털 기술을 통해 유통 과정을 투명하게 만들고, 실시간으로 정보를 공유하며, 거래를 간소화할 수 있습니다. 특히, 블록체인과 디지털 플랫폼은 이러한 변화를 주도하는 핵심 기술로 부상하고 있습니다.

- **투명성 제고:** 디지털 기술을 활용하면 유통 과정의 모든 단계를 투명하게 기록하고, 이를 실시간으로 공유할 수 있습니다. 이는 소비자가 제품의 출처와 품질에 대한 신뢰를 가질 수 있게 해주며, 시장의 신뢰성을 높이는 데 기여합니다.
- **효율성 향상:** 디지털 플랫폼을 통한 거래는 중개 단계를 줄이고, 거래 속도를 높일 수 있습니다. 이를 통해 유통 과정에서 발생하는 비용을 절감하고, 더 신속하게 제품을 소비자에게 전달할 수 있습니다.

제2항. 블록체인 기술의 도입과 효과

가. 블록체인의 원리와 적용 사례

블록체인은 데이터를 블록 단위로 나누어 분산 저장하고, 각 블록을 체인 형태로 연결하는 기술입니다. 이 기술의 가장 큰 특징은 데이터를 한 번 기록하면 변경할 수 없다는 점과, 모든 참여자가 동일한 데이터를 공유하고 검증할 수 있다는 점입니다.

- **데이터 불변성:** 블록체인에 기록된 거래 내역은 누구도 임의로 변경할 수 없습니다. 이는 수산물의 유통 과정에서 발생할 수 있는 부정 행위를 방지하고, 모든 거래의 신뢰성을 보장합니다.
- **투명한 추적:** 블록체인을 통해 수산물이 생산된 지역, 가공 과정, 운송 경로 등을 모두 투명하게 기록하고 추적할 수 있습니다. 예를 들어, 한 마리의 연어가 양식장에서 소비자의 식탁에 오르기까지의 모든 과정이 블록체인에 기록되며, 소비자는 이 정보를 실시간으로 확인할 수 있습니다.

나. 블록체인을 통한 유통 혁신 사례

이미 많은 수산물 유통업체가 블록체인 기술을 도입하여 유통 과정을 혁신하고 있습니다. 이러한 사례들은 블록체인이 유통의 투명성을 어떻게 높이고 있는지를 보여 줍니다.

- **IBM과 월마트의 협력 사례:** IBM과 월마트는 블록체인을 활용하여

수산물의 유통 과정을 기록하고, 소비자가 QR 코드를 스캔하면 제품의 모든 정보를 확인할 수 있는 시스템을 구축했습니다. 이는 소비자의 신뢰를 크게 높이는 결과를 가져왔습니다.

- **싱가포르의 해양 생태계 보호:** 싱가포르에서는 블록체인을 통해 해양 자원의 유통을 관리하고, 불법 어업을 방지하는 시스템을 도입했습니다. 이는 해양 생태계의 보호와 지속 가능한 수산업 발전에 중요한 기여를 하고 있습니다.

제3항 디지털 플랫폼의 역할과 가능성

가. 디지털 플랫폼의 개념과 기능

디지털 플랫폼은 온라인을 통해 수산물의 거래와 유통을 관리하는 시스템입니다. 이 플랫폼은 생산자와 소비자를 직접 연결하여 중개 과정을 생략하고, 거래를 신속하고 효율적으로 처리할 수 있게 해 줍니다.

- **거래의 간소화:** 디지털 플랫폼은 생산자와 소비자를 직접 연결하여, 거래의 간소화와 비용 절감을 가능하게 합니다. 이는 특히 소규모 어업자들에게 유리하며, 그들이 시장에 더 쉽게 접근할 수 있도록 도와줍니다.
- **실시간 데이터 공유:** 플랫폼을 통해 모든 거래 정보와 유통 과정이 실시간으로 공유될 수 있습니다. 이는 유통의 투명성을 높이고, 소비자가 원하는 정보를 빠르고 정확하게 제공할 수 있게 합니다.

나. 성공적인 디지털 플랫폼 사례

수산물 유통의 디지털 혁신은 전 세계적으로 진행되고 있으며, 여러 성공적인 사례가 등장하고 있습니다. 이러한 사례들은 디지털 플랫폼이 유통 혁신에 어떻게 기여하고 있는지를 보여 줍니다.

- **노르웨이의 수산물 유통 플랫폼:** 노르웨이에서는 국가 차원에서 수산물 유통을 관리하는 디지털 플랫폼을 운영하고 있습니다. 이 플랫폼은 수산물의 생산, 가공, 유통 전 과정을 추적할 수 있으며, 모든 거래가 투명하게 관리되고 있습니다.
- **중국의 e-상업 플랫폼:** 중국에서는 수산물 유통에 특화된 e-상업 플랫폼이 발전하고 있습니다. 이 플랫폼은 수산물의 가격 비교, 온라인 거래, 실시간 배송 추적 등을 제공하여 소비자에게 편리함을 제공합니다.

제4항. 디지털 혁신이 가져오는 기회와 도전 과제

가. 새로운 기회

디지털 혁신은 수산물 유통에 많은 새로운 기회를 제공하고 있습니다. 이는 단순히 효율성을 높이는 것에 그치지 않고, 수산업 전반에 걸쳐 긍정적인 영향을 미칠 수 있습니다.

- **소비자 신뢰 강화:** 블록체인과 디지털 플랫폼을 통해 소비자는 더 신뢰할 수 있는 정보를 제공받을 수 있으며, 이는 시장에서의 소비자

신뢰도를 높이는 데 기여합니다.

- **국제 시장 진출:** 디지털 기술은 수산물이 글로벌 시장에 더 쉽게 진출할 수 있도록 도와줍니다. 유통 과정을 디지털화함으로써, 국제 거래의 복잡성을 줄이고, 신속한 거래가 가능해집니다.

나. 도전 과제

그럼에도 불구하고, 디지털 혁신에는 해결해야 할 도전 과제들이 존재합니다. 이는 주로 기술적, 경제적, 사회적 문제들과 관련이 있습니다.

- **기술적 도전:** 블록체인과 디지털 플랫폼의 구현에는 높은 기술적 역량이 요구됩니다. 특히, 데이터의 보안 문제, 시스템의 안정성, 그리고 플랫폼의 운영 효율성을 보장하기 위한 지속적인 관리가 필요합니다.
- **경제적 부담:** 디지털 기술의 도입에는 초기 비용이 많이 들며, 특히 소규모 어업자들에게는 경제적 부담이 될 수 있습니다. 이를 해결하기 위해 정부와 민간의 협력이 필요합니다.
- **사회적 수용성:** 디지털 혁신은 기존의 유통 구조를 변화시키며, 이는 기존의 이해관계자들에게 충격을 줄 수 있습니다. 새로운 시스템에 대한 교육과 사회적 수용성을 높이는 노력이 필요합니다.

제5항. 요약 정리

가. 결론

수산물 유통의 디지털 혁신은 현대 수산업의 필수적인 변화입니다. 블록체인과 디지털 플랫폼의 도입은 유통 과정의 투명성을 높이고, 효율성을 극대화하며, 소비자와 생산자 모두에게 새로운 가치를 제공합니다. 그러나 이러한 혁신이 성공적으로 정착되기 위해서는 기술적, 경제적, 사회적 도전 과제를 해결해야 합니다. 미래의 수산물 유통은 디지털 기술을 중심으로 더욱 투명하고 효율적으로 발전할 것이며, 이는 지속 가능한 수산업 발전에 중요한 역할을 할 것입니다.

나. 추가 학습 질문

Q1: 블록체인 기술이 수산물 유통에서의 투명성을 높이는 구체적인 방법에는 어떤 것들이 있을까요?

Q2: 디지털 플랫폼이 글로벌 시장에서 수산물 유통에 미치는 영향은 무엇이며, 이를 통해 수산물 생산자에게 어떤 이점이 있을까요?

Q3: 수산물 유통의 디지털 혁신 과정에서 발생할 수 있는 윤리적 문제에는 어떤 것들이 있으며, 이를 해결하기 위한 방안은 무엇일까요?

제5장

지속 가능한 스마트 농수산업

Ubiquitous Smart Agriculture

친환경 농수산업 기술

오늘날의 농수산업은 급격한 기후 변화와 환경 파괴의 위협 속에서 새로운 도전에 직면하고 있습니다. 과거의 집약적이고 자원 소모적인 농수산업 방식은 더 이상 지속 가능하지 않으며, 환경에 미치는 부정적인 영향을 최소화하면서도 안정적인 생산성을 유지할 수 있는 대안이 절실히 필요합니다. 이로 인해 친환경 농수산업 기술의 도입이 중요하게 부각되고 있습니다. 친환경 농수산업은 지속 가능성을 핵심 목표로 삼으며, 유기농법, 에너지 절약 기술, 물 재활용 시스템 등을 통해 환경 보호와 생산성의 균형을 이루려는 노력입니다.

제1항. 유기농법의 중요성과 적용

가. 유기농법의 개념과 원칙

유기농법은 화학 비료와 농약을 배제하고, 자연 생태계의 균형을 유지하며 작물과 동물을 재배 및 사육하는 농업 방식입니다. 이 방법은 토양의 건강, 생물 다양성, 그리고 생태계의 복원을 중시하며, 장기적으로 지속 가능한 농업을 실현하려는 목표를 가지고 있습니다.

- **자연 순환의 활용:** 유기농법은 자연 순환을 최대한 활용하여 농작물의 성장과 생산을 촉진합니다. 예를 들어, 작물 재배 후 남은 잔해물을 토양에 다시 돌려보내는 순환 시스템을 통해 토양의 비옥도를 유지합니다.
- **화학물질 사용의 최소화:** 유기농업에서는 화학 비료, 제초제, 농약 등의 사용을 배제하거나 최소화하여, 환경 오염을 방지하고, 농작물의 안전성을 높입니다.

나. 유기농법의 장점과 도전 과제

유기농법의 주요 장점은 환경 친화적이라는 점입니다. 이는 토양의 건강을 유지하고, 수질 오염을 줄이며, 생물 다양성을 보호하는 데 기여합니다. 그러나, 유기농법이 직면한 도전 과제도 존재합니다.

- **장점:** 유기농법은 토양의 구조와 건강을 개선하고, 물과 에너지의 사용을 최적화하며, 환경적 스트레스에 대한 농작물의 저항성을 높입니다. 또한, 소비자들에게 건강에 좋은, 화학 잔류물이 없는 식품을 제공함으로써 시장의 신뢰를 구축할 수 있습니다.
- **도전 과제:** 유기농법은 초기 도입 시 비용이 높고, 단기적으로는 생산성이 낮을 수 있습니다. 또한, 잡초와 병해충 관리를 위해 더 많은 노동력이 필요하며, 이는 대규모 농업에서 큰 도전으로 작용할 수 있습니다.

다. 유기농법의 성공 사례

다양한 국가에서 유기농법의 성공 사례를 통해 친환경 농업이 실질적으로 가능하다는 것을 보여 주고 있습니다.

- **덴마크의 사례:** 덴마크는 세계에서 가장 높은 유기농업 비율을 자랑하는 나라 중 하나입니다. 덴마크의 농부들은 유기농법을 통해 고품질의 농산물을 생산하고 있으며, 정부의 지원을 받아 지속 가능한 농업을 촉진하고 있습니다.
- **인도의 사례:** 인도에서는 소규모 농부들이 유기농법을 통해 토양의 건강을 회복하고, 지역 사회의 경제적 자립을 강화하고 있습니다. 이들은 유기농법을 통해 화학 물질에 의존하지 않고도 높은 생산성을 유지하며, 지역 시장에서 경쟁력을 확보하고 있습니다.

제2항. 에너지 절약 기술의 적용

가. 에너지 효율화의 필요성

농수산업은 에너지 소비가 많은 산업 중 하나로, 지속 가능한 발전을 위해 에너지 절약 기술의 도입이 필수적입니다. 에너지 효율화를 통해 생산 비용을 절감하고, 탄소 발자국을 줄이며, 장기적으로는 기후 변화에 대응할 수 있습니다.

- **농업의 에너지 소비:** 농기계 운용, 온실 운영, 수확 및 가공 과정 등에서 상당한 양의 에너지가 소비됩니다. 이를 줄이기 위한 에너지 절약 기술은 농수산업의 지속 가능성을 높이는 중요한 수단입니다.

- **재생 에너지의 활용:** 태양광, 풍력, 바이오매스와 같은 재생 에너지를 농업에 적용함으로써 화석 연료의 사용을 줄이고, 온실가스 배출을 최소화할 수 있습니다.

나. 에너지 절약 기술의 사례

에너지 절약 기술의 성공적인 적용 사례를 통해 그 효과와 가능성을 확인할 수 있습니다.

- **태양광 온실:** 태양광 패널을 설치한 온실은 농작물 재배에 필요한 전력을 자급자족할 수 있습니다. 이는 에너지 비용을 크게 줄이고, 온실 가스를 감축하는 데 기여합니다. 특히 네덜란드에서는 태양광 온실을 통해 지속 가능한 농업을 실현하고 있으며, 세계적인 사례로 주목받고 있습니다.
- **바이오매스 에너지:** 농업 폐기물과 동물 배설물을 활용한 바이오매스 에너지는 에너지 효율을 높이고, 농업의 에너지 자립도를 강화하는 데 중요한 역할을 합니다. 예를 들어, 독일의 여러 농장은 바이오매스 발전기를 통해 자체적으로 에너지를 생산하고, 농업 운영 비용을 절감하고 있습니다.

제3항. 물 재활용 시스템의 도입

가. 물 자원의 중요성과 위기

농수산업에서 물은 필수적인 자원입니다. 그러나 기후 변화와 인구 증가로 인해 물 자원은 점점 더 고갈되고 있으며, 이를 효율적으로 관리하고 재활용하는 것이 중요합니다. 물 재활용 시스템은 이러한 문제를 해결하는 데 중요한 역할을 할 수 있습니다.

- **물 부족 문제:** 전 세계적으로 물 부족 문제가 심각해지면서, 농업에서의 물 사용 효율성을 높이는 것이 필수적입니다. 특히 가뭄이 빈번한 지역에서는 물 재활용 시스템의 도입이 농업의 생존을 결정짓는 요소가 될 수 있습니다.
- **환경 보호:** 물 재활용 시스템은 폐수의 재사용을 통해 환경 오염을 줄이고, 물 자원의 지속 가능성을 확보하는 데 기여합니다. 이는 특히 어업에서 중요한 역할을 하며, 수질 개선과 함께 어류의 생존율을 높이는 데 도움이 됩니다.

나. 물 재활용 시스템의 실제 사례

물 재활용 시스템은 다양한 형태로 농수산업에 적용되고 있습니다. 이러한 시스템은 물 자원의 효율적 사용을 촉진하고, 지속 가능한 농수산업을 지원하는 데 중요한 역할을 합니다.

- **폐수 재활용 시스템:** 싱가포르는 물 자원이 부족한 국가로, 폐수 재활용 시스템을 통해 국가의 물 사용 효율성을 크게 높였습니다. 이러한 시스템은 농업용 물로 재활용되어 농작물 재배에 사용되며, 국가 전체의 물 자원 관리에 기여하고 있습니다.
- **순환 수경재배 시스템:** 수경재배는 물 사용량을 줄이면서도 높은 생

산성을 유지할 수 있는 방법으로, 재활용된 물을 다시 이용하여 작물을 재배하는 순환 시스템을 구축할 수 있습니다. 이 방법은 특히 대규모 농장에서 효율적인 물 관리와 생산성 향상에 기여하고 있습니다.

제4항. 지속 가능한 농수산업을 위한 종합 전략

가. 친환경 기술의 통합적 적용

친환경 농수산업 기술의 성공적인 적용을 위해서는 개별 기술의 도입뿐만 아니라, 이들 기술을 통합적으로 활용하는 전략이 필요합니다. 유기농법, 에너지 절약 기술, 물 재활용 시스템 등을 조화롭게 결합하여 농수산업의 지속 가능성을 극대화할 수 있습니다.

- **통합 농업 시스템:** 유기농업과 재생 에너지를 결합하여 운영하는 통합 농업 시스템은 환경 보호와 경제적 이익을 동시에 추구할 수 있는 모델입니다. 이러한 시스템은 장기적인 농업 지속 가능성의 핵심으로 부각되고 있습니다.
- **지속 가능한 어업 관리:** 어업에서는 친환경 양식 기술과 물 재활용 시스템을 결합하여, 해양 자원의 보호와 어업 생산성의 균형을 맞추는 전략이 필요합니다. 이는 미래 세대를 위한 지속 가능한 자원 관리를 가능하게 합니다.

나. 정부와 민간의 역할

친환경 농수산업 기술의 성공적인 도입을 위해서는 정부와 민간의 협력이 필수적입니다. 정부는 정책적 지원과 인센티브 제공을 통해 친환경 기술의 보급을 촉진하고, 민간 기업은 혁신적인 기술 개발과 적용을 선도해야 합니다.

- **정책적 지원:** 정부는 친환경 농수산업 기술 도입을 촉진하기 위해 재정적 지원, 세금 혜택, 기술 교육 등을 제공해야 합니다. 또한, 지속 가능한 농수산업을 위한 법적 틀을 마련하여, 환경 보호와 산업 발전이 조화롭게 이루어지도록 해야 합니다.
- **민간 기업의 혁신:** 민간 기업은 친환경 농수산업 기술의 연구개발과 상용화에 중요한 역할을 해야 합니다. 특히, 스타트업 기업들은 혁신적인 솔루션을 통해 시장에서 경쟁력을 확보할 수 있으며, 이를 통해 지속 가능한 산업 생태계를 구축할 수 있습니다.

제5항. 요약 정리

가. 결론

친환경 농수산업 기술은 미래의 지속 가능한 발전을 위한 필수 요소로, 환경 보호와 경제적 이익을 동시에 달성할 수 있는 잠재력을 가지고 있습니다. 유기농법, 에너지 절약 기술, 물 재활용 시스템 등 다양한 기술들이 조화를 이루며 적용될 때, 농수산업은 더욱 친환경적이고 지속 가능한 방향으로 나아갈 수 있습니다. 이러한 기술들은 농수산업의 미래를 밝게 만들며, 기후 변화와 환경 파괴에 대응하는 강력한 도구가 될 것입니다. 지속 가능한 농수산업을 실현하기 위해서는 기술적 혁신과 함께 정부와 민간의 협력이 필수적이며, 이는 우리 모두의 미래를 위한 중요한 투자입니다.

나. 추가 학습 질문

Q1: 유기농법이 전통 농법에 비해 경제적, 환경적으로 우수한 이유는 무엇인가요?

Q2: 에너지 절약 기술이 농수산업에서 필수적인 이유는 무엇이며, 이를 통해 얻을 수 있는 장기적인 이점은 무엇인가요?

Q3: 물 재활용 시스템이 농수산업의 지속 가능성을 높이는 데 어떻게 기여할 수 있으며, 이를 확대 적용하기 위한 방안은 무엇일까요?

자원 관리와 순환 경제

현대 사회에서 농수산업은 인류의 생존과 지속 가능한 발전을 위해 매우 중요한 역할을 담당하고 있습니다. 그러나 기후 변화, 자원 고갈, 환경 오염 등 복합적인 문제들이 농수산업의 미래를 위협하고 있습니다. 이러한 문제들을 해결하기 위해서는 기존의 선형 경제 모델에서 벗어나, 자원을 효율적으로 관리하고 재사용하며, 폐기물을 최소화하는 순환 경제 모델로 전환하는 것이 필수적입니다.

순환 경제는 자원의 투입, 사용, 폐기를 반복하는 선형 경제와 달리, 자원을 가능한 한 오래 사용하고, 그 가치를 최대한 유지하며, 제품 수명이 끝난 후에도 재사용, 재활용 또는 재생하여 자원을 낭비하지 않는 것을 목표로 합니다. 이 절에서는 농수산업에서 자원 관리와 순환 경제를 구현하기 위한 전략과 그 중요성에 대해 논의하겠습니다.

제1항. 자원 관리의 중요성

가. 농수산업의 자원 의존성

농수산업은 물, 토양, 에너지, 생물 자원 등 다양한 자원에 크게 의존합니다. 이 자원들은 농작물의 생산, 수산물의 양식, 그리고 다양한 농수산물 가공 과정에서 필수적이며, 그 활용 방식에 따라 농수산업의 지속 가능성이 결정됩니다.

- **물 자원 관리:** 물은 농수산업에서 가장 중요한 자원 중 하나로, 농업용수와 양식용수의 사용 효율성을 높이는 것이 중요합니다. 기후 변화로 인한 가뭄과 물 부족 문제가 심화됨에 따라 물 자원의 지속 가능한 관리가 더욱 강조되고 있습니다.
- **토양 관리:** 농업에서 토양은 식물의 성장에 필요한 영양분을 공급하는 중요한 자원입니다. 지속 가능한 농업을 위해서는 토양의 비옥도를 유지하고, 침식과 산성화를 방지하는 관리 전략이 필요합니다.
- **에너지 관리:** 농수산업에서의 에너지 사용은 온실가스 배출과 직접적으로 연결되며, 이는 기후 변화에 영향을 미칩니다. 따라서 에너지 사용을 효율화하고, 재생 에너지를 활용하는 것이 필수적입니다.

나. 자원 고갈과 환경적 영향

자원의 비효율적인 사용과 남용은 자원 고갈과 환경 파괴를 초래합니다. 이러한 문제들은 농수산업의 지속 가능성을 저해하며, 궁극적으로 인류의 식량 안보와 환경 건강을 위협하게 됩니다.

- **자원 고갈:** 지속 가능한 자원 관리가 이루어지지 않을 경우, 농수산업이 의존하는 주요 자원이 고갈될 수 있습니다. 이는 농작물 생산

감소, 수산 자원의 고갈 등으로 이어질 수 있으며, 전 세계 식량 공급에 심각한 영향을 미칠 것입니다.

- **환경적 영향:** 자원의 비효율적인 사용은 토양 침식, 수질 오염, 생물 다양성 감소 등 다양한 환경적 문제를 초래합니다. 이러한 문제들은 농수산업의 생산성을 저해할 뿐만 아니라, 장기적으로 지구 생태계의 균형을 무너뜨릴 수 있습니다.

제2항. 순환 경제의 개념과 원칙

가. 순환 경제의 정의

순환 경제는 자원의 활용을 최대화하고, 폐기물 발생을 최소화하며, 제품과 자원의 수명을 연장하는 경제 모델입니다. 이는 기존의 일방적인 자원 소비 구조에서 벗어나, 자원의 재활용과 재사용을 중심으로 한 경제 시스템을 구축하는 것을 목표로 합니다.

- **재사용과 재활용:** 순환 경제에서는 제품이 수명을 다한 후에도 재사용되거나 재활용되어, 자원이 낭비되지 않도록 합니다. 예를 들어, 농업 폐기물은 퇴비로 재활용되거나, 바이오에너지원으로 활용될 수 있습니다.
- **폐기물 최소화:** 순환 경제는 생산 과정에서 발생하는 폐기물을 최소화하는 것을 목표로 합니다. 이를 위해 폐기물을 자원으로 전환하거나, 폐기물의 발생 자체를 줄이는 기술과 방법을 개발합니다.

나. 순환 경제의 원칙

순환 경제는 세 가지 주요 원칙에 기반합니다. 이 원칙들은 자원 관리와 환경 보호를 목표로 하며, 지속 가능한 농수산업의 실현을 위한 핵심 가이드라인을 제공합니다.

- **디자인 혁신:** 제품과 시스템의 설계 단계에서부터 자원의 재사용과 재활용을 고려해야 합니다. 이는 폐기물을 줄이고, 제품의 수명을 연장하며, 자원의 효율성을 높이는 데 기여합니다.
- **재사용과 재생:** 사용된 자원은 가능한 한 재사용되거나, 새로운 자원으로 재생되어야 합니다. 농수산업에서는 폐기물을 비료로 전환하거나, 양식장에서 사용된 물을 정화하여 재사용하는 방법이 있습니다.
- **시스템적 사고:** 순환 경제는 전체 시스템을 고려한 통합적 접근을 요구합니다. 이는 자원 관리, 폐기물 처리, 생산 공정 등을 하나의 시스템으로 보고, 각 단계에서 발생하는 영향을 최소화하는 전략을 포함합니다.

제3항. 자원 재활용 전략

가. 농업 폐기물의 재활용

농업에서는 다양한 폐기물이 발생하며, 이를 효율적으로 재활용하는 것이 자원 관리의 핵심입니다. 농업 폐기물은 퇴비, 바이오에너지, 사료 등으로 재활용할 수 있으며, 이는 환경 보호와 경제적 이익을 동시에 추구할 수 있는 방법입니다.

- **퇴비화:** 농작물의 잔해물, 동물의 배설물 등은 퇴비로 재활용되어 토양의 비옥도를 높이는 데 사용됩니다. 이는 화학 비료의 사용을 줄이고, 토양 건강을 유지하는 데 기여합니다.
- **바이오에너지 생산:** 농업 폐기물은 바이오에너지 생산에 사용될 수 있습니다. 예를 들어, 옥수수 줄기나 밀짚 등은 바이오매스 에너지원으로 활용되며, 이를 통해 농가의 에너지 자립도를 높일 수 있습니다.

나. 수산업의 폐기물 관리

수산업에서도 다양한 폐기물이 발생하며, 이를 효과적으로 관리하는 것이 중요합니다. 폐수 처리, 어획물 가공 과정에서의 부산물 재활용 등은 수산업의 환경 영향을 최소화하고, 자원의 효율적 사용을 가능하게 합니다.

- **폐수 재활용:** 양식장에서 발생하는 폐수는 정화 과정을 거쳐 재사용되거나, 수질 개선을 위해 활용될 수 있습니다. 이는 수질 오염을 줄이고, 물 자원의 지속 가능한 사용을 촉진합니다.
- **부산물 재활용:** 어획물 가공 과정에서 발생하는 부산물은 사료, 비료, 의약품 등의 원료로 재활용될 수 있습니다. 이는 자원의 낭비를 줄이고, 부가가치를 창출하는 방법입니다.

제4항. 에너지 절약과 자원 효율화

가. 에너지 절약 기술의 적용

농수산업에서 에너지 절약은 자원의 지속 가능한 사용을 위해 매우 중요합니다. 에너지 효율을 높이는 기술은 생산 비용을 줄이고, 환경적 영향을 최소화하는 데 기여합니다.

- **재생 에너지 활용:** 태양광, 풍력, 바이오에너지와 같은 재생 에너지를 농수산업에 적용함으로써 화석 연료의 사용을 줄이고, 온실가스 배출을 감소시킬 수 있습니다. 이는 농수산업의 지속 가능성을 높이는 중요한 전략입니다.
- **에너지 효율화:** 농기계, 온실, 양식장 등에서 에너지 효율을 높이기 위한 기술을 도입함으로써 에너지 사용을 최적화할 수 있습니다. 예를 들어, 에너지 효율적인 조명과 냉난방 시스템은 운영 비용을 절감하고, 환경적 영향을 줄이는 데 도움이 됩니다.

나. 자원 효율화 전략

자원 효율화를 통해 농수산업의 생산성을 높이고, 자원의 낭비를 줄이는 것이 중요합니다. 이는 자원의 지속 가능한 사용을 보장하고, 장기적인 경제적 이익을 제공할 수 있습니다.

- **정밀 농업:** 정밀 농업은 GPS, 드론, 센서 등의 기술을 활용하여 농작물의 상태를 정확하게 모니터링하고, 필요한 자원을 효율적으로 사용하는 방법입니다. 이는 물, 비료, 에너지 등의 자원을 절약하고, 생산성을 극대화할 수 있습니다.
- **스마트 양식:** 스마트 양식 기술은 양식장의 환경을 실시간으로 모니터링하고, 자동으로 자원을 관리함으로써 자원의 효율적 사용을 가

능하게 합니다. 이는 생산성 향상과 환경 보호를 동시에 달성할 수 있는 전략입니다.

제5항. 폐기물 관리와 자원 순환

가. 폐기물 관리의 중요성

폐기물 관리는 순환 경제에서 중요한 역할을 합니다. 농수산업에서 발생하는 폐기물을 효과적으로 관리하고, 이를 자원으로 전환하는 것은 자원의 낭비를 줄이고, 환경적 영향을 최소화하는 데 기여합니다.

- **폐기물 분리수거:** 농수산업에서 발생하는 폐기물은 종류별로 분리수거하여 재활용 가능성을 높여야 합니다. 이는 폐기물의 재사용과 재활용을 촉진하는 기본적인 전략입니다.
- **폐기물 재처리:** 일부 폐기물은 재처리를 통해 새로운 자원으로 재생될 수 있습니다. 예를 들어, 어획물 가공에서 발생하는 뼈와 껍질은 고단백질 사료로 재처리될 수 있습니다.

나. 자원 순환의 구현

자원 순환은 순환 경제의 핵심이며, 자원의 지속 가능한 사용을 보장하는 방법입니다. 이를 통해 농수산업은 자원의 효율성을 높이고, 경제적 이익을 극대화할 수 있습니다.

- **자원 순환 시스템 구축:** 농수산업에서는 자원 순환 시스템을 구축하

여 자원의 효율적 사용과 폐기물 최소화를 실현할 수 있습니다. 이는 자원의 재사용과 재활용을 촉진하며, 환경적 영향을 줄이는 데 기여합니다.

- **순환 경제의 확산:** 순환 경제는 농수산업뿐만 아니라 다른 산업에도 적용될 수 있으며, 이를 통해 전체 경제의 지속 가능성을 높일 수 있습니다. 이는 전 세계적인 환경 문제 해결에 중요한 역할을 할 것입니다.

제6항. 요약 정리

가. 결론

자원 관리와 순환 경제는 지속 가능한 농수산업을 실현하기 위한 필수적인 요소입니다. 자원의 효율적 사용, 재활용, 에너지 절약 등의 전략을 통해 농수산업은 환경 보호와 경제적 이익을 동시에 추구할 수 있습니다. 이러한 전략들은 단순히 환경을 보호하는 것을 넘어, 농수산업의 생산성을 높이고, 장기적인 경제적 안정성을 보장하는 중요한 수단입니다. 지속 가능한 미래를 위해 우리는 자원 관리와 순환 경제의 중요성을 인식하고, 이를 실현하기 위한 노력을 지속해야 합니다. 이는 우리 모두의 미래를 위한 필수적인 투자이며, 지구의 건강을 지키는 중요한 책임입니다.

나. 추가 학습 질문

Q1: 자원 재활용이 농수산업에서 환경 보호와 경제적 이득을 동시에 실현하는 방법은 무엇인가요?

Q2: 에너지 절약이 농수산업의 지속 가능성을 높이는 데 기여하는 방식과 그 장기적인 이점은 무엇인가요?

Q3: 폐기물 관리에서 순환 경제의 원칙을 적용하면 어떤 환경적, 경제적 효과를 기대할 수 있을까요?

사회적 책임과 윤리 경영

스마트 농수산업의 발전은 기술적 혁신에 그치지 않고, 기업의 사회적 책임과 윤리적 경영을 실현하는 방향으로 나아가야 합니다. 사회적 책임과 윤리적 경영은 단순히 법적 의무를 넘어, 기업의 지속 가능한 성장을 위한 핵심 요소로 자리 잡고 있습니다. 이 절에서는 사회적 책임의 중요성과 윤리적 경영의 필요성을 논의하고, 스마트 농수산업에서 이를 실천하는 방법을 제시하겠습니다.

제1항. 사회적 책임의 중요성

가. 사회적 책임의 정의

기업의 사회적 책임(CSR, Corporate Social Responsibility)은 기업이 경제적 이익을 추구하는 것에 그치지 않고, 사회와 환경에 긍정적인 영향을 미치기 위해 자발적으로 수행하는 활동을 말합니다. 이는 기업의 활동이 지역 사회, 환경, 노동 조건 등 다양한 측면에 미치는 영향을 고려하고, 이를 개선하기 위한 노력을 포함합니다.

- **경제적 책임:** 기업은 이윤을 추구하는 것이 기본적인 목표입니다. 그러나 이윤 추구가 지역 사회와 환경에 미치는 부정적인 영향을 최소화해야 합니다.
- **법적 책임:** 법과 규제를 준수하는 것은 기본적인 사회적 책임의 일부입니다. 이는 기업의 활동이 법적 기준에 부합하도록 보장합니다.
- **윤리적 책임:** 법적 책임을 넘어, 윤리적 기준에 부합하도록 기업의 행동을 이끌어야 합니다. 이는 정직하고 공정한 비즈니스 관행을 포함합니다.
- **자발적 책임:** 기업이 자발적으로 사회적 문제를 해결하거나, 지역 사회에 기여하는 활동을 수행하는 것입니다. 이는 기업의 긍정적인 이미지를 구축하고, 장기적인 신뢰를 얻는 데 기여합니다.

나. 사회적 책임의 필요성

사회적 책임을 다하는 것은 기업에 여러 가지 긍정적인 영향을 미칩니다. 이는 단기적인 이익을 넘어서, 장기적인 기업의 지속 가능성과 경쟁력을 높이는 데 중요한 역할을 합니다.

- **기업의 이미지와 신뢰도:** 사회적 책임을 다하는 기업은 긍정적인 이미지를 구축하고, 소비자와 투자자에게 신뢰를 얻을 수 있습니다. 이는 브랜드 충성도를 높이고, 시장에서의 경쟁력을 강화하는 데 기여합니다.
- **위험 관리:** 사회적 책임을 다하지 않는 기업은 법적 분쟁, 환경 오염, 노동 문제 등 다양한 리스크에 직면할 수 있습니다. 이러한 리스크를

사전에 관리하고, 사회적 책임을 다하는 것은 기업의 안정성과 지속 가능성을 보장하는 데 중요합니다.

- **직원 만족도와 생산성:** 사회적 책임을 다하는 기업은 직원들에게 긍정적인 근무 환경을 제공하며, 이는 직원들의 만족도와 생산성을 높이는 데 기여합니다.

제2항. 윤리적 경영의 필요성

가. 윤리적 경영의 정의

윤리적 경영은 기업이 사업을 수행하는 과정에서 윤리적 기준을 준수하고, 정직하고 공정한 비즈니스 관행을 유지하는 것을 말합니다. 이는 법적 기준을 넘어서, 기업의 가치와 신념에 기반한 경영 방침을 포함합니다.

- **정직과 투명성:** 기업의 모든 활동은 정직하고 투명하게 이루어져야 하며, 이는 이해관계자와의 신뢰를 구축하는 데 기여합니다.
- **공정한 거래:** 기업은 공정한 거래를 통해 고객, 공급업체, 파트너와의 관계를 유지해야 합니다. 이는 비즈니스의 지속 가능성을 높이는 데 중요합니다.
- **책임 있는 경영:** 기업의 결정은 사회적, 환경적 영향을 고려하여 이루어져야 하며, 이는 기업의 사회적 책임을 다하는 데 기여합니다.

나. 윤리적 경영의 장점

윤리적 경영은 기업의 장기적인 성공과 지속 가능성을 보장하는 데 중요한 역할을 합니다. 이는 기업의 내외부에서 긍정적인 영향을 미치며, 경쟁력을 강화하는 데 기여합니다.

- **기업의 신뢰와 명성:** 윤리적 경영을 실천하는 기업은 고객과 파트너, 투자자에게 신뢰를 얻을 수 있으며, 이는 기업의 명성을 높이고 장기적인 성공을 보장합니다.
- **리스크 관리:** 윤리적 경영은 법적 분쟁, 부정적 여론, 비즈니스 리스크를 줄이는 데 기여합니다. 이는 기업의 안정성과 지속 가능성을 높이는 데 중요한 역할을 합니다.
- **사회적 영향:** 윤리적 경영을 통해 기업은 사회적 문제를 해결하고, 긍정적인 사회적 영향을 미칠 수 있습니다. 이는 기업의 사회적 책임을 다하는 데 기여합니다.

제3항. 스마트 농수산업에서의 사회적 책임 실천

가. 노동 조건 개선

스마트 농수산업은 노동 조건의 개선을 통해 기업의 사회적 책임을 실천할 수 있습니다. 이는 공정하고 안전한 근무 환경을 제공하며, 직원의 권리를 존중하는 것을 포함합니다.

- **안전한 근무 환경:** 농수산업에서의 작업 환경은 종종 위험을 동반합니다. 따라서, 안전 장비 제공, 적절한 교육, 작업 환경 개선 등을 통해 직원의 안전을 보장하는 것이 필수적입니다.

- **공정한 보상과 복지:** 직원들에게 공정한 임금과 복지 혜택을 제공하는 것은 노동 조건을 개선하는 데 중요한 요소입니다. 이는 직원의 만족도와 생산성을 높이는 데 기여합니다.
- **근로 시간과 유연성:** 근로 시간을 적절하게 관리하고, 유연한 근무 제도를 도입하여 직원의 워라밸(Work-Life Balance)을 지원하는 것이 필요합니다.

나. 지역 사회 기여

스마트 농수산업은 지역 사회에 기여하여 사회적 책임을 다할 수 있습니다. 이는 지역 사회의 발전과 경제적 이익을 증진하는 다양한 활동을 포함합니다.

- **지역 경제 지원:** 지역 농산물 구매, 지역 일자리 창출, 지역 사회 프로젝트 지원 등을 통해 지역 경제를 지원할 수 있습니다. 이는 지역 사회와의 관계를 강화하고, 기업의 사회적 책임을 실천하는 방법입니다.
- **환경 보호 활동:** 지역 환경 보호 활동에 참여하거나, 지역 환경 개선 프로젝트를 지원함으로써 지역 사회에 기여할 수 있습니다. 이는 기업의 환경적 책임을 다하는 데 기여합니다.
- **사회적 프로그램 지원:** 지역 사회의 교육, 건강, 문화 프로그램 등을 지원하는 것도 중요한 사회적 책임의 일환입니다. 이는 지역 사회의 전반적인 복지를 향상시키는 데 기여합니다.

다. 윤리적 비즈니스 관행

스마트 농수산업에서 윤리적 비즈니스 관행을 실천하는 것은 기업의 신뢰성을 높이고, 비즈니스의 지속 가능성을 보장하는 데 중요합니다.

- **공정 거래:** 공급업체와의 공정한 거래를 유지하고, 계약 조건을 투명하게 관리하는 것이 필요합니다. 이는 파트너와의 신뢰를 구축하고, 공정한 비즈니스 환경을 조성하는 데 기여합니다.
- **윤리적 구매:** 원자재와 자원을 윤리적으로 구매하고, 환경과 노동 조건을 고려한 구매 결정을 내리는 것이 중요합니다. 이는 기업의 윤리적 기준을 유지하는 데 도움이 됩니다.
- **부패 방지:** 부패와 뇌물 수수 등의 부정적 비즈니스 관행을 방지하고, 투명한 비즈니스 운영을 유지하는 것이 필수적입니다. 이는 기업의 윤리적 신뢰성을 높이는 데 기여합니다.

제4항. 스마트 농수산업에서 사회적 책임 실천 사례

가. 노동 조건 개선 사례

스마트 농업 기업인 '덴마크 농업'은 농업의 자동화와 스마트 기술 도입에 따라, 안전하고 효율적인 작업 환경을 제공하고 있습니다. 이들은 최신 기술을 활용하여 작업자의 안전을 보장하며, 공정한 임금과 복지 혜택을 제공하고 있습니다.

나. 지역 사회 기여 사례

스마트 수산업 기업 '노르웨이 수산'은 지역 사회와의 협력을 통해 지역

어촌의 경제를 지원하고 있습니다. 이들은 지역 어민들에게 공정한 거래를 보장하고, 지역 환경 보호 프로젝트에 참여하여 지역 사회의 발전에 기여하고 있습니다.

다. 윤리적 비즈니스 관행 사례

'미국 농업 그룹'은 공급망 관리에서 윤리적 비즈니스 관행을 채택하여, 공정한 거래와 투명한 공급망을 유지하고 있습니다. 이들은 공급업체와의 공정한 계약을 통해 윤리적 비즈니스 관행을 실천하고 있습니다.

제5항. 요약 정리

가. 결론

스마트 농수산업에서의 사회적 책임과 윤리적 경영은 기업의 지속 가능성과 경쟁력을 높이는 데 중요한 요소입니다. 노동 조건 개선, 지역 사회 기여, 윤리적 비즈니스 관행을 통해 기업은 사회적 책임을 다하고, 긍정적인 사회적 영향을 미칠 수 있습니다. 이러한 실천은 기업의 신뢰를 구축하고, 장기적인 성공을 보장하는 데 기여합니다. 지속 가능한 미래를 위해 기업은 사회적 책임과 윤리적 경영을 실천하며, 환경과 사회에 긍정적인 영향을 미치는 데 기여해야 합니다. 이는 기업의 경쟁력을 높이고, 사회의 전반적인 복지를 향상시키는 중요한 역할을 합니다.

나. 추가 학습 질문

Q1: 스마트 농수산업에서 노동 조건 개선이 기업의 사회적 책임을 다

하는 데 어떻게 기여할 수 있을까요?

Q2: 지역 사회 기여를 통해 농수산업 기업이 지역 경제와 지역 주민에게 어떤 긍정적인 영향을 미칠 수 있는지 구체적인 사례를 들어 설명해 주세요.

Q3: 윤리적 비즈니스 관행을 실천하는 것이 기업의 신뢰성에 미치는 영향은 무엇이며, 이를 실천하기 위한 구체적인 방안은 무엇일까요?

제6장

해외 성공 사례

제1절

미국의 스마트 농업 혁신 사례

스마트 농업은 단순히 미래의 농업을 지칭하는 것이 아니라, 현재의 농업을 혁신적으로 변화시키는 현실적인 접근법입니다. 미국은 이러한 혁신의 선두주자로, 다양한 기업들이 첨단 기술을 활용하여 농업의 생산성과 효율성을 극대화하고 있습니다. 이 절에서는 미국의 대표적인 스마트 농업 혁신 사례로 'Driscoll's'를 중심으로 분석하고, 이 기업이 어떻게 데이터 기반 농업 관리와 첨단 기술을 통해 성공을 거두었는지 구체적으로 설명하겠습니다.

제1항. Driscoll's의 스마트 농업 혁신

가. Driscoll's 개요

Driscoll's(https://www.driscolls.com)는 전 세계적으로 베리류를 재배하고 유통하는 글로벌 리더로 알려져 있습니다. 1930년에 설립된 이 회사는 처음에는 단순한 베리 농장에서 시작했으나, 현재는 첨단 기술을 활용한 스마트 농업의 상징적인 기업으로 자리 잡았습니다. Driscoll's의 성공적인 혁신은 데이터 기반 농업 관리, 최첨단 기술의 도입, 그리고 글로벌 공급망 최적화를 통해 이루어졌습니다.

나. 데이터 기반 농업 관리

데이터를 활용한 생산성 최적화의 실제 적용 사례는 다음과 같습니다.

〈Driscoll's 데이터 기반 농업 관리〉

- **데이터 수집 및 분석:** Driscoll's는 데이터 기반 농업 관리를 통해 베리류의 생산성을 극대화하고 있습니다. 이 기업은 농장에서의 데이터 수집을 위해 다양한 센서와 IoT 장치를 활용합니다. 이러한 센서는 토양의 수분, 온도, pH 수준, 그리고 기후 변화를 실시간으로 모니터링합니다. 수집된 데이터는 클라우드 기반의 데이터베이스에 저장되어, 데이터 분석가들이 이를 활용하여 농업의 전략을 결정합니다.
- **실시간 모니터링:** Driscoll's는 센서를 통해 실시간으로 토양의 상태와 기후 변화를 추적합니다. 이는 작물의 생육 상태를 실시간으로 분석하고, 적시에 필요한 조치를 취할 수 있게 합니다.
- **예측 분석:** 데이터 분석을 통해 작물의 성장 예측과 질병 발생 가능성을 분석합니다. 이를 통해 적시에 방제 조치를 취하고, 생산성을 높이는 데 기여합니다.

〈Driscoll's 맞춤형 농업 관리〉

- **맞춤형 농업 관리:** Driscoll's는 수집된 데이터를 기반으로 맞춤형 농업 관리를 실시합니다. 각 농장의 데이터는 개별적으로 분석되어, 해당 농장에 최적화된 관리 방법이 제시됩니다. 이는 작물의 건강과 생산성을 극대화하는 데 중요한 역할을 합니다.
- **정밀 비료 및 수분 관리:** 토양과 작물의 상태에 따라 비료와 수분의

양을 조절합니다. 이는 자원의 낭비를 줄이고, 생산성을 향상시키는 데 기여합니다.

- **질병 및 해충 관리:** 데이터 분석을 통해 질병과 해충의 발생 가능성을 예측하고, 이에 대한 방제 방법을 최적화합니다.

다. 첨단 기술의 도입

첨단 기술을 활용한 생산성 최적화의 실제 적용 사례는 다음과 같습니다.

〈Driscoll's 자동화된 농업 관리〉

- **자동화된 농업 장비:** Driscoll's는 자동화된 농업 장비를 도입하여 작업의 효율성을 높이고 있습니다. 이 장비들은 수확, 이식, 그리고 가지치기 등의 작업을 자동으로 수행하며, 인력의 의존도를 줄이고 생산성을 높입니다.
- **자동 수확기:** 자동 수확기는 베리류의 수확 작업을 자동으로 수행합니다. 이 기계는 성숙한 베리만을 선택적으로 수확하여 품질을 유지하고, 수확 속도를 증가시킵니다.
- **자동 비료 및 수분 공급 시스템:** 비료와 수분 공급을 자동으로 조절하는 시스템을 도입하여, 작물의 요구에 맞춰 자원을 효율적으로 관리합니다.

〈Driscoll's 유전자 변형 기술을 활용한 농업 관리〉

- **유전자 변형 기술:** Driscoll's는 유전자 변형 기술을 활용하여 작물의 품질을 개선하고, 생산성을 높이고 있습니다. CRISPR와 같은 최신

유전자 변형 기술을 통해, 병해에 대한 저항력과 품질을 향상시킨 품종을 개발하고 있습니다.

- **병해 저항성 품종:** 유전자 변형을 통해 병해에 강한 품종을 개발하여, 농약 사용을 줄이고, 환경 부담을 최소화합니다.
- **생산성 향상 품종:** 생산성을 높이는 유전자 변형을 통해, 보다 높은 수확량과 품질을 달성합니다.

라. 글로벌 공급망 최적화

글로벌 공급망 최적화의 실제 적용 사례는 다음과 같습니다.

〈Driscoll's 글로벌 공급망 관리〉

- **물류 최적화:** Driscoll's는 글로벌 공급망의 최적화를 통해 물류 효율성을 극대화하고 있습니다. 이는 생산지에서 소비자까지의 전체 공급망을 고려하여, 물류 과정에서의 비용과 시간을 줄이는 전략을 포함합니다.
- **스마트 물류 시스템:** 물류 과정에서의 실시간 추적과 데이터 분석을 통해, 재고 관리와 배송 일정을 최적화합니다.
- **글로벌 유통 네트워크:** 전 세계적으로 분포된 유통 네트워크를 통해, 신선한 베리류를 빠르게 공급하며, 시장의 요구에 신속하게 대응합니다.

〈Driscoll's 시장 변동성 관리〉

- **시장 대응 전략:** Driscoll's는 시장의 변동성을 예측하고, 이에 적절히 대응하기 위해 데이터 기반의 시장 대응 전략을 수립합니다. 이는 시

장의 수요와 공급에 따라 생산 계획을 조정하고, 소비자의 요구에 맞춘 제품을 제공합니다.

- **수요 예측:** 데이터 분석을 통해 소비자의 수요를 예측하고, 이에 맞춰 생산 계획을 조정합니다.
- **맞춤형 제품 개발:** 소비자의 선호에 맞춘 맞춤형 제품을 개발하여, 시장 경쟁력을 강화합니다.

제2항. 성공의 핵심 요인

가. 기술 혁신

Driscoll's의 성공은 첨단 기술의 도입에 크게 의존하고 있습니다. 데이터 기반 농업 관리, 자동화된 농업 장비, 유전자 변형 기술 등은 생산성과 효율성을 극대화하는 데 기여하고 있습니다. 이러한 기술 혁신은 농업의 전반적인 방식과 접근 방식을 변화시키고 있습니다.

나. 데이터 기반 의사 결정

Driscoll's는 데이터 분석을 통해 농업의 모든 측면을 최적화하고 있습니다. 데이터 기반의 의사 결정은 농업 관리의 정확성을 높이고, 자원의 낭비를 줄이며, 생산성을 극대화하는 데 중요한 역할을 합니다.

다. 글로벌 네트워크

Driscoll's의 글로벌 유통 네트워크와 물류 최적화는 시장에서의 경쟁력을 높이는 데 기여하고 있습니다. 전 세계적으로 분포된 공급망을 통해,

신속하고 효율적인 물류 관리를 실현하고 있습니다.

제3항. 요약 정리

가. 결론

미국의 스마트 농업 혁신 사례인 Driscoll's는 데이터 기반 농업 관리와 첨단 기술의 효과적인 도입을 통해 농업의 생산성과 효율성을 극대화한 대표적인 사례입니다. 이 기업의 성공은 기술 혁신, 데이터 기반 의사 결정, 글로벌 네트워크 등 다양한 요소의 결합으로 이루어졌습니다. 이러한 성공 사례는 다른 농업 기업들에게도 많은 교훈을 제공하며, 스마트 농업의 미래를 밝히는 중요한 모델로 자리 잡고 있습니다. 스마트 농업의 발전은 앞으로도 지속적으로 새로운 기술과 접근 방식을 도입하며, 농업의 패러다임을 변화시킬 것입니다.

나. 추가 학습 질문

Q1: Driscoll's의 데이터 기반 농업 관리가 농업의 미래에 미치는 영향은 무엇인가요?

Q2: 스마트 농업 기술을 도입할 때, 작은 농장이나 스타트업이 고려해야 할 주요 사항은 무엇인가요?

Q3: Driscoll's와 같은 글로벌 기업이 스마트 농업 혁신을 통해 지역 농업에 미치는 긍정적인 영향은 어떤 것이 있나요?

제2절

네덜란드의 수경재배와 자동화

네덜란드는 세계적으로 농업 혁신의 선두주자로 평가받고 있습니다. 특히, 수경재배와 자동화 시스템을 통해 도시 농업의 새로운 패러다임을 제시하고 있는 네덜란드는 기술적 우수성을 바탕으로 농업의 생산성과 효율성을 극대화하고 있습니다. 이 절에서는 네덜란드의 수경재배 및 자동화 시스템의 성공 사례를 분석하고, 도시 농업의 혁신적인 접근법과 이를 통한 생산성 향상 방법을 자세히 살펴보겠습니다.

제1항. 네덜란드의 수경재배 혁신

가. 수경재배의 개념

수경재배(hydroponics)는 토양 없이 식물을 재배하는 방법으로, 물에 용해된 영양분을 직접 식물의 뿌리에 공급하는 기술입니다. 네덜란드는 이 기술을 통해 농업의 생산성과 효율성을 크게 향상시켰습니다. 수경재배는 특히 도시 농업에서 효과적이며, 공간의 제약을 극복하고 자원의 효율적인 사용을 가능하게 합니다. 네덜란드는 다양한 수경재배 시스템을 도입하여 생산성을 높이고 있습니다. 주요 시스템으로는 다음과 같은 것들이 있습니다.

- **Nutrient Film Technique(NFT):** 영양액이 얇은 필름 형태로 식물의 뿌리 위를 흐르며, 이 방식은 물과 영양분의 효율적인 사용을 가능하게 합니다.
- **Deep Water Culture(DWC):** 식물의 뿌리가 영양액이 가득 찬 물 속에 잠기며, 산소를 공급하기 위해 공기 펌프가 사용됩니다. 이는 빠른 성장을 촉진합니다.
- **Ebb and Flow(Flood and Drain):** 주기적으로 영양액을 식물의 뿌리 부분에 공급하고, 일정 시간 후 배출하는 방식으로, 물과 영양분의 균형을 맞추는 데 효과적입니다.

나. 네덜란드의 성공적인 수경재배 사례

네덜란드의 성공적인 수경재배 실제 적용 사례는 다음과 같습니다.

〈로테르담 'Urban Farmers' 프로젝트〉

- **로테르담의 도시 농업 프로젝트:** 네덜란드의 도시 로테르담은 수경재배를 통해 도시 농업을 혁신적으로 변화시키고 있습니다. 'Urban Farmers' 프로젝트는 도시의 폐공장과 빈 공간을 활용하여 수경재배 시설을 설치하고, 신선한 농산물을 도시 내에서 직접 생산하고 있습니다.
- **자동화된 농업 시스템:** 로테르담의 수경재배 시스템은 자동화된 영양분 공급 시스템과 환경 제어 장비를 통해 식물의 성장 환경을 최적화

합니다. 이는 농업의 생산성과 품질을 높이는 데 기여하고 있습니다.

- **자원 효율성:** 도시 농업 프로젝트는 물과 에너지를 최소화하여 자원의 낭비를 줄이고, 지속 가능한 농업을 실현하고 있습니다.

〈덴 하그 'Greenhouse Village' 프로젝트〉

- **덴 하그의 수경재배 기업:** 네덜란드 덴 하그(Den Haag, The Hague)에 위치한 수경재배 기업 'Greenhouse Village'는 첨단 기술을 활용하여 효율적인 농업을 구현하고 있습니다. 이 기업은 다음과 같은 혁신적인 접근법을 통해 성공을 거두었습니다.
- **스마트 수경재배 시스템:** Greenhouse Village는 IoT와 센서를 활용하여 실시간으로 농업 환경을 모니터링하고, 자동으로 영양액과 물을 조절합니다. 이는 작물의 최적 성장을 돕고, 생산성을 향상시킵니다.
- **에너지 효율성:** 기업은 에너지 효율적인 온실 시스템을 구축하여 에너지 소비를 최소화하고, 지속 가능한 농업을 실현하고 있습니다.

제2항. 네덜란드의 자동화 시스템

자동화 기술은 농업의 효율성을 높이고, 인력의 의존도를 줄이는 데 중요한 역할을 합니다. 네덜란드는 농업의 자동화를 통해 생산성과 품질을 동시에 개선하고 있습니다. 자동화된 시스템은 작업의 일관성과 정확성을 보장하며, 운영 비용을 절감하는 데 기여합니다.

가. 자동화된 환경 제어

네덜란드의 온실 농업에서는 자동화된 환경 제어 시스템을 통해 식물의 성장 환경을 최적화하고 있습니다. 이러한 시스템은 다음과 같은 기능을 수행합니다.

- **온도 조절:** 자동 온도 조절 시스템을 통해 온실 내의 온도를 적절히 유지하며, 작물의 성장에 최적화된 환경을 제공합니다.
- **습도 관리:** 습도 센서를 통해 온실 내의 습도를 실시간으로 모니터링하고, 필요에 따라 가습기나 제습기를 자동으로 작동시킵니다.
- **CO_2 공급:** CO_2 농도를 조절하여 식물의 광합성을 촉진시키고, 생산성을 높입니다.

나. 자동화된 수확 시스템

자동화된 수확 시스템은 농업에서의 인력 의존도를 줄이고, 수확 작업의 효율성을 높이는 데 기여합니다. 네덜란드는 다음과 같은 자동화된 수확 기술을 도입하고 있습니다.

- **로봇 수확기:** 로봇 수확기는 작물의 성숙도를 감지하고, 신속하게 수확 작업을 수행합니다. 이는 수확의 일관성을 보장하고, 노동 비용을 절감합니다.
- **드론을 이용한 모니터링:** 드론을 활용하여 작물의 상태를 모니터링하고, 문제 발생 시 신속하게 대응할 수 있습니다. 드론은 넓은 농장 지역을 효율적으로 탐색하고, 필요한 데이터를 수집합니다.

제3항. 네덜란드의 도시 농업 접근법

가. 도시 농업의 필요성

도시 농업은 도시화가 진행됨에 따라 지속 가능한 식량 생산을 위한 중요한 접근법으로 부각되고 있습니다. 네덜란드는 도시 농업을 통해 식량의 자급자족을 실현하고, 도시 내의 신선한 농산물 공급을 증가시키고 있습니다. 네덜란드는 제한된 공간을 효율적으로 활용하기 위해 도시 내의 다양한 공간을 농업에 활용하고 있습니다. 폐공장, 빈 건물, 옥상 등 다양한 공간을 활용하여 농업을 실현하고 있습니다.

- **옥상 농업:** 도시의 높은 건물 옥상에 수경재배 시스템을 설치하여, 도시 공간을 효율적으로 활용하고 신선한 농산물을 공급합니다.
- **빈 공간 활용:** 도심의 빈 공장이나 창고를 농업 공간으로 변환하여, 농업 생산성을 높입니다.

나. 도시 농업의 사회적 및 환경적 이점

도시 농업은 경제적, 환경적, 사회적 이점을 제공합니다. 네덜란드는 도시 농업을 통해 이러한 이점을 실현하고 있습니다.

〈경제적 이점〉

- **지역 경제 활성화:** 도시 농업은 지역 사회에 새로운 일자리를 창출하고, 지역 경제를 활성화합니다.
- **식품 비용 절감:** 도시 내에서 신선한 농산물을 직접 생산함으로써 식

품 비용을 절감하고, 식품의 유통 비용을 줄입니다.

〈환경적 이점〉

- **자원 효율성:** 수경재배와 자동화 시스템을 통해 물과 에너지를 효율적으로 사용하고, 자원의 낭비를 줄입니다.
- **탄소 발자국 감소:** 도시 농업은 식품의 운송 거리를 줄이고, 탄소 배출을 감소시키는 데 기여합니다.

〈사회적 이점〉

- **사회적 연결 강화:** 도시 농업 프로젝트는 지역 사회의 참여를 유도하고, 주민들 간의 유대감을 강화합니다.
- **교육 기회 제공:** 도시 농업은 도시 주민들에게 농업과 식품 생산에 대한 교육 기회를 제공하고, 지속 가능한 생활 방식을 배울 수 있는 기회를 제공합니다.

제4항. 요약 정리

가. 결론

네덜란드는 수경재배와 자동화 시스템을 통해 도시 농업의 혁신적인 접근법을 실현하고 있습니다. 이러한 기술적 혁신은 농업의 생산성과 효율성을 높이며, 지속 가능한 농업을 구현하는 데 중요한 역할을 하고 있습니다. 네덜란드의 성공 사례는 도시 농업의 가능성과 장점을 실질적으로 보여 주며, 전 세계 도시 농업의 발전에 기여하고 있습니다. 수경재배와 자동화 시스템의 도입은 농업의 미래를 밝히는 중요한 열쇠가 될 것입니다.

나. 추가 학습 질문

Q1: 네덜란드의 수경재배 기술이 다른 국가에 비해 특별한 이유는 무엇인가요?

Q2: 도시 농업의 발전을 위해 필요한 정책적 지원은 무엇이 있을까요?

Q3: 수경재배와 자동화 기술이 향후 농업에 미칠 장기적인 영향은 무엇인가요?

일본의 스마트 수산업 혁신

일본은 역사적으로 수산업이 중요한 산업 중 하나였으며, 현대에는 스마트 수산업의 혁신을 통해 전통적인 양식 방식의 한계를 극복하고 있습니다. 특히 소지쓰(주)(https://www.sojitz.com)와 같은 기업들은 자동화와 환경 제어 시스템을 통해 수산 양식의 생산성을 극대화하고 있습니다. 이 절에서는 일본의 스마트 수산업 기술과 혁신 사례를 분석하고, 이러한 기술적 접근이 어떻게 수산업의 미래를 바꾸고 있는지를 구체적으로 살펴보겠습니다.

제1항. 일본의 스마트 수산업 개요

가. 일본의 수산업 역사와 현대화

일본은 해양 자원에 대한 깊은 의존과 풍부한 전통을 가진 나라입니다. 그러나 현대의 수산업은 자연 자원의 감소와 환경 변화 등의 도전에 직면하고 있습니다. 이에 따라 일본은 스마트 수산업 기술을 도입하여 효율성을 높이고, 지속 가능한 자원 관리를 실현하고 있습니다.

나. 전통 수산업의 도전과 변화

전통적인 일본의 수산업은 주로 해양에서 직접 어획하는 방식이었으나, 환경 변화와 자원의 고갈로 인해 이러한 방식의 한계가 드러났습니다. 이에 따라 일본은 양식업으로 전환하고, 최신 기술을 도입하여 생산성을 높이고 있습니다.

제2항. Sojitz의 스마트 수산업 혁신

가. Sojitz의 개요와 비전

소지쓰투나팜다카시마(Sojitz Tuna Farm Takashima, 双日ツナファーム鷹島, https://www.sojitz-tunafarm.com)는 일본의 선도적인 스마트 수산업 기업으로, 첨단 기술을 활용하여 수산 양식의 자동화와 환경 제어 시스템을 구현하고 있습니다. Sojitz의 비전은 효율적이고 지속 가능한 수산 양식을 통해 식량 자원의 안전과 품질을 보장하는 것입니다.

나. Sojitz의 기술적 접근

Sojitz는 자동화와 환경 제어 시스템을 통해 수산 양식의 여러 측면을 혁신하고 있습니다. 이들 기술은 다음과 같은 핵심 요소로 구성됩니다.

- **자동화된 먹이 공급 시스템:** Sojitz의 자동화된 먹이 공급 시스템은 수조 내의 생물들이 필요로 하는 양에 맞춰 정밀하게 먹이를 제공합니다. 이는 낭비를 줄이고, 생물의 건강을 유지하는 데 기여합니다.
- **환경 모니터링 및 제어:** Sojitz는 온도, pH, 산소 농도 등 다양한 환경

요소를 실시간으로 모니터링하고, 자동으로 조절할 수 있는 시스템을 도입하고 있습니다. 이를 통해 양식장의 환경을 최적화하고, 생물의 성장을 극대화합니다.

- **데이터 기반 관리:** Sojitz는 수집된 데이터를 분석하여 양식의 최적 조건을 파악하고, 이를 바탕으로 운영 전략을 조정합니다. 데이터 기반의 의사 결정은 생산성을 높이고, 품질을 향상시키는 데 도움을 줍니다.

다. Sojitz의 성공 사례 분석

Sojitz의 성공적인 스마트 수산업 혁신 실제 적용 사례는 다음과 같습니다.

〈Sojitz의 자동화 시스템〉

- **생산성 향상:** Sojitz는 자동화된 시스템을 통해 양식장의 생산성을 크게 향상시켰습니다. 자동화된 먹이 공급 시스템과 환경 제어 장비는 생물의 성장 속도를 높이고, 생산량을 증가시켰습니다. 이러한 성과는 고객에게 고품질의 수산물을 안정적으로 공급하는 데 기여하고 있습니다.
- **먹이 효율성:** 자동화된 먹이 공급 시스템은 낭비를 최소화하고, 생물의 필요에 맞춰 정확한 양의 먹이를 제공합니다. 이는 먹이 비용을 절감하고, 환경에 미치는 영향을 줄입니다.
- **환경 최적화:** 실시간 모니터링과 자동 조절 시스템은 환경을 최적화하여 생물의 스트레스를 줄이고, 건강한 성장을 촉진합니다.

〈Sojitz의 기술 혁신〉

- **기술적 혁신과 시장 반응:** Sojitz의 기술적 혁신은 시장에서 긍정적인 반응을 얻고 있습니다. 고객들은 안정적인 품질과 높은 생산성을 경험하고 있으며, Sojitz의 접근 방식이 수산업의 미래를 선도하고 있다고 평가하고 있습니다.
- **기술적 우수성:** Sojitz의 자동화와 데이터 기반 관리 시스템은 기술적 우수성을 인정받아 국내외 시장에서 높은 평가를 받고 있습니다. 이는 Sojitz가 수산업의 혁신을 선도하는 기업임을 입증합니다.
- **시장 확장:** Sojitz는 일본 내에서의 성공을 바탕으로 국제 시장으로의 확장을 계획하고 있으며, 글로벌 수산업 시장에서의 입지를 강화하고 있습니다.

제3항. 일본의 스마트 수산업의 장점과 도전

가. 스마트 수산업의 장점

스마트 수산업 기술은 여러 가지 장점을 제공합니다. 일본의 사례를 통해 확인할 수 있는 주요 장점은 다음과 같습니다.

- **생산성과 효율성:** 스마트 기술을 통해 양식의 생산성과 효율성이 극대화됩니다. 자동화와 데이터 기반 관리 시스템은 자원의 낭비를 줄이고, 생물의 건강한 성장을 촉진합니다. 이는 전반적인 생산량의 증가로 이어집니다.
- **품질 관리:** 정밀한 환경 제어와 실시간 모니터링은 수산물의 품질을

안정적으로 유지하는 데 도움을 줍니다. 이는 소비자에게 고품질의 수산물을 제공하고, 시장에서의 경쟁력을 높입니다.

- **지속 가능성:** 스마트 수산업 기술은 자원의 효율적인 사용과 환경 보호를 동시에 실현합니다. 이는 수산업의 지속 가능성을 보장하고, 장기적으로 환경에 미치는 영향을 최소화합니다.

나. 도전 과제

스마트 수산업 기술에는 몇 가지 도전 과제가 존재합니다.

- **기술적 복잡성:** 스마트 수산업 기술은 고도의 기술적 복잡성을 요구하며, 이를 효과적으로 운영하기 위한 전문 지식과 경험이 필요합니다. 이는 초기 투자 비용을 증가시키고, 기술적 도입의 장벽이 될 수 있습니다.
- **비용 문제:** 첨단 기술을 도입하는 데 드는 초기 비용과 유지 관리 비용이 높은 것이 도전 과제 중 하나입니다. 이로 인해 소규모 양식업체는 기술 도입에 어려움을 겪을 수 있습니다.
- **데이터 보안:** 스마트 수산업에서는 대량의 데이터가 수집되고 분석됩니다. 이러한 데이터의 보안과 개인정보 보호는 중요한 문제로, 이를 적절히 관리하기 위한 보안 시스템이 필요합니다.

제4항. 요약 정리

가. 결론

일본의 스마트 수산업 혁신 사례는 현대 수산업의 발전 가능성을 보여주는 중요한 사례입니다. 'Sojitz'와 같은 기업들이 자동화 및 환경 제어 시스템을 통해 수산 양식의 생산성과 품질을 향상시키고 있는 것은, 기술이 수산업의 미래를 형성하는 데 중요한 역할을 하고 있음을 시사합니다. 일본의 스마트 수산업은 효율적인 자원 사용과 지속 가능한 발전을 추구하며, 전 세계 수산업의 혁신을 이끌고 있습니다. 이러한 사례들은 수산업의 미래를 밝히는 중요한 이정표가 될 것입니다.

나. 추가 학습 질문

Q1: 일본의 스마트 수산업 기술이 다른 나라와 비교했을 때 갖는 경쟁 우위는 무엇인가요?

Q2: 'Sojitz'와 같은 기업들이 직면한 주요 도전 과제와 이를 해결하기 위한 전략은 무엇인가요?

Q3: 일본의 스마트 수산업 혁신이 글로벌 수산업에 미칠 장기적인 영향은 어떤 것들이 있을까요?

한국의 농수산업 디지털 전환 사례

한국은 디지털 혁신을 통해 농수산업의 경쟁력을 강화하고, 글로벌 시장에서의 입지를 확립해 나가고 있습니다. 이 절에서는 한국의 농수산업 디지털 전환의 성공 사례를 분석하고, 정부의 지원 프로그램과 기업의 혁신 사례를 통해 한국 농수산업의 발전 상황과 실질적인 성과를 설명하며, 이러한 성공적인 전략을 제시합니다.

제1항. 한국 농수산업 디지털 전환의 배경

한국의 농수산업은 전통적인 방식에 의존해 왔으나, 인구 고령화, 기후 변화, 자원 부족 등의 문제로 인해 효율성 향상과 지속 가능한 발전이 절실히 요구되고 있습니다. 디지털 전환은 이러한 문제를 해결하고, 경쟁력을 강화하는 중요한 수단으로 자리 잡고 있습니다.

가. 인구 고령화

농촌 지역의 고령화 문제로 인해 농업 인력 부족이 심각해지고 있으며, 디지털 기술을 통한 자동화는 이를 해결하는 중요한 대안으로 부각되고 있습니다.

나. 기후 변화

기후 변화는 농작물의 생산성과 품질에 영향을 미치고 있습니다. 디지털 기술을 통해 기후 변화에 대한 적시 대응이 가능해졌습니다.

다. 자원 부족

물과 에너지 자원의 효율적 관리가 필요합니다. 스마트 기술을 활용한 자원 관리는 이를 해결할 수 있는 방법입니다.

제2항. 한국의 디지털 전환 성공 사례

가. 정부의 지원 프로그램

한국 정부는 농수산업의 디지털 전환을 촉진하기 위해 다양한 지원 프로그램을 운영하고 있습니다. 이러한 지원은 기술 개발, 인프라 구축, 교육 및 컨설팅 등 다양한 분야를 포괄합니다.

〈'스마트 농업 지원 사업': 농업의 디지털화〉

- **스마트 농업 지원 사업:** 한국 정부는 '스마트 농업 지원 사업'을 통해 농업의 디지털화를 추진하고 있습니다. 이 사업은 농업의 생산성을 높이기 위한 스마트 기기와 시스템을 도입하고, 농업 데이터의 수집 및 분석을 통해 농작물의 관리와 생산성을 향상시키는 것을 목표로 하고 있습니다.

- **스마트 온실:** 정부는 스마트 온실 프로젝트를 통해 온도, 습도, CO_2 농도 등을 실시간으로 모니터링하고, 자동으로 제어할 수 있는 시스템을 지원하고 있습니다. 이는 농작물의 생장 조건을 최적화하고, 에너지 소비를 줄이는 데 기여합니다.
- **정밀 농업 기술:** 정밀 농업을 지원하기 위해 GPS 기반의 농업 기기와 드론, 센서 등을 도입하여 농작물의 상태를 실시간으로 모니터링하고, 필요한 자원만을 적절히 투입할 수 있도록 지원하고 있습니다.

〈'스마트 수산업 지원 사업': 수산업의 디지털화〉

- **수산업 디지털화 지원:** 수산업 분야에서도 정부는 디지털 전환을 지원하는 다양한 프로그램을 운영하고 있습니다. 이는 양식업의 자동화와 데이터 기반 관리, 수산물 유통의 효율화를 목표로 하고 있습니다.
- **스마트 양식장 구축:** 자동화된 먹이 공급 시스템과 수질 모니터링 시스템을 도입하여 양식장의 운영 효율성을 높이고, 수산물의 품질을 개선하는 데 기여하고 있습니다.
- **해양 데이터 분석:** 해양 환경 데이터의 수집 및 분석을 통해 어획량 예측과 자원 관리를 최적화하는 시스템을 지원하고 있습니다.

나. 농수산업의 디지털 혁신 사례

한국의 기업들은 디지털 기술을 적극적으로 도입하여 농수산업의 혁신을 선도하고 있습니다. 이들 기업은 첨단 기술을 활용하여 생산성과 품질을 향상시키고 있으며, 글로벌 시장에서도 주목받고 있습니다.

〈농업 분야의 혁신〉

- **'스마트팜' 사업:** 농촌진흥청(https://www.nongsaro.go.kr)은 스마트팜 시스템을 통해 농작물의 생장 상태를 실시간으로 모니터링하고, 데이터 분석을 통해 최적의 재배 조건을 제공하는 기술을 개발하였습니다. 이 기술은 농업의 생산성을 크게 향상시키고, 농민들의 수익을 증가시키는 데 기여하고 있습니다.
- **농업 드론 활용:** 드론을 활용하여 농작물의 상태를 항공 촬영하고, 이를 분석하여 병해충 관리와 자원 분배를 최적화하고 있습니다. 이러한 접근은 농업의 효율성을 높이고, 농작물의 품질을 향상시키는 데 중요한 역할을 하고 있습니다.

〈수산업 분야의 혁신〉

- **'스마트양식 클러스터' 조성사업:** 국립수산과학원(https://www.nifs.go.kr)은 자동화된 양식장 시스템을 도입하여 먹이 공급과 환경 제어를 자동화하였습니다. 이 시스템은 수조의 상태를 실시간으로 모니터링하고, 필요한 자원을 적시에 공급하여 양식의 효율성을 극대화하고 있습니다.
- **블록체인 기반 '스마트 해양물류 플랫폼' 서비스:** 부산시는 '블록체인 기반 스마트 해양물류 플랫폼 서비스' 실증사업으로 블록체인 기술을 활용하여 수산물 유통의 투명성을 높이고, 거래 과정의 신속성과 신뢰성을 보장하는 시스템을 개발하였습니다. 이 시스템은 수산물의 출처를 추적하고, 소비자에게 신뢰할 수 있는 정보를 제공하는 데 기여하고 있습니다.

제3항. 한국 농수산업의 디지털 전환 성과와 전략

가. 디지털 전환의 성과

한국의 농수산업 디지털 전환은 여러 가지 긍정적인 성과를 가져왔습니다. 이러한 성과는 농업과 수산업의 효율성을 높이고, 경쟁력을 강화하는 데 중요한 역할을 하고 있습니다.

- **생산성과 품질 향상:** 디지털 기술을 통해 농수산업의 생산성과 품질이 크게 향상되었습니다. 자동화와 데이터 기반 관리 시스템은 자원의 효율적인 사용을 가능하게 하고, 생산량을 증가시키는 데 기여하고 있습니다.
- **비용 절감:** 스마트 기술의 도입은 운영 비용의 절감을 가져왔습니다. 에너지 소비의 감소와 자원 낭비의 최소화는 비용 절감으로 이어지며, 기업의 경제적 이익을 증대시키고 있습니다.
- **글로벌 시장 경쟁력 강화:** 한국의 디지털 전환 사례는 글로벌 시장에서도 주목받고 있습니다. 경쟁력 있는 기술과 혁신적인 접근법은 한국 농수산물의 품질을 높이고, 국제 시장에서의 입지를 강화하는 데 기여하고 있습니다.

나. 성공적인 전략

한국의 디지털 전환 사례에서 얻은 주요 전략은 다음과 같습니다.

- **정부와 기업의 협력:** 정부의 지원과 기업의 혁신적인 접근이 결합되

어 디지털 전환이 성공적으로 이루어졌습니다. 정부의 정책 지원과 기업의 기술 개발이 상호 보완적으로 작용하며, 농수산업의 발전을 이끌어 냈습니다.

- **데이터 기반 의사 결정:** 정확한 데이터 분석을 통한 의사 결정은 농수산업의 효율성을 극대화하는 데 중요한 역할을 하고 있습니다. 데이터 기반의 접근은 생산성과 품질을 향상시키는 데 기여하고 있습니다.
- **지속 가능한 기술 개발:** 지속 가능한 기술의 개발과 도입은 장기적인 발전을 위한 핵심 전략입니다. 에너지 절약과 자원 재활용 등의 요소는 농수산업의 지속 가능성을 보장하며, 환경 보호에 기여하고 있습니다.

제4항. 요약 정리

가. 결론

한국의 농수산업 디지털 전환은 정부의 정책 지원과 기업의 혁신적인 접근을 통해 성공적으로 이루어졌습니다. 스마트 농업과 수산업 기술의 도입은 생산성과 품질을 높이고, 비용 절감과 글로벌 시장 경쟁력 강화를 이루는 데 기여하고 있습니다. 이러한 성공 사례는 디지털 전환이 농수산업의 미래를 밝히는 중요한 요소임을 보여줍니다. 한국의 사례는 다른 나라들에게도 디지털 전환의 모범 사례로서 중요한 교훈을 제공하며, 글로벌 농수산업의 발전을 이끌어가는 데 중요한 역할을 하고 있습니다.

나. 추가 학습 질문

Q1: 한국 농수산업의 디지털 전환에서 가장 중요한 정부 지원 프로그램은 무엇이며, 그 효과는 어떤가요?

Q2: '스마트양식 클러스터 조성사업', '블록체인 기반 스마트 해양물류 플랫폼 서비스'와 같은 사업들이 직면한 주요 도전 과제와 이를 해결하기 위한 전략은 무엇인가요?

Q3: 한국의 농수산업 디지털 전환이 다른 국가들에게 제공하는 교훈과 그 적용 가능성은 무엇인가요?

제7장

스마트 농수산업 경영 전략

Ubiquitous Smart Agriculture

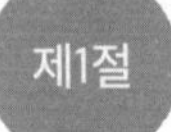

데이터 기반 의사 결정

스마트 농수산업의 발전과 성공적인 운영을 위해서는 데이터 기반 의사 결정이 필수적입니다. 데이터는 단순히 정보를 제공하는 것을 넘어, 전략적 계획 수립과 비즈니스 성과 향상에 결정적인 역할을 합니다. 이 절에서는 데이터 분석을 통해 효과적인 의사 결정을 내리고 운영 효율성을 극대화하는 방법에 대해 다루며, KPI 설정, 성과 분석, 데이터 기반의 전략적 계획 수립 등을 통해 비즈니스 결정을 향상시키는 방법을 구체적으로 설명합니다.

제1항. 데이터 기반 의사 결정의 중요성

가. 데이터의 역할

디지털 시대의 농수산업에서는 데이터가 핵심 자원으로 자리잡고 있습니다. 데이터를 통해 과거의 성과를 분석하고, 현재의 운영 상황을 모니터링하며, 미래의 예측을 가능하게 합니다. 이를 통해 의사 결정의 정확성을 높이고, 리스크를 관리하며, 자원 사용을 최적화할 수 있습니다.

- **과거 성과 분석:** 데이터 분석을 통해 과거의 성과를 파악하고, 성공적인 전략과 실패의 원인을 분석하여 미래의 의사 결정에 반영합니다.
- **현재 상황 모니터링:** 실시간 데이터 수집과 분석을 통해 현재의 운영 상황을 정확하게 파악하고, 즉각적인 대응을 가능하게 합니다.
- **미래 예측:** 데이터 기반의 예측 모델을 통해 미래의 트렌드와 변화를 예측하고, 전략적 계획을 수립할 수 있습니다.

나. 데이터 기반 의사 결정의 이점

데이터 기반 의사 결정의 이점으로는 다음과 같은 것이 있습니다.

- **정확성 향상:** 데이터 분석을 통해 의사 결정의 정확성을 높일 수 있습니다. 직관이나 경험에 의존하는 것보다 데이터 기반의 분석이 보다 신뢰할 수 있는 정보를 제공합니다.
- **리스크 관리:** 데이터는 잠재적인 리스크를 조기에 발견하고, 대응 전략을 마련하는 데 유용합니다. 이를 통해 손실을 최소화하고, 안정적인 운영을 유지할 수 있습니다.
- **자원 최적화:** 자원의 사용 현황을 실시간으로 모니터링하고 분석함으로써, 자원의 낭비를 줄이고 효율적으로 배분할 수 있습니다.

제2항. KPI 설정과 성과 분석

가. KPI의 정의와 중요성

KPI(Key Performance Indicator, 핵심 성과 지표)는 조직의 목표 달성

정도를 측정하는 지표입니다. KPI는 비즈니스 성과를 정량적으로 평가할 수 있는 도구로, 목표 설정과 성과 관리에 필수적입니다.

- **목표 설정:** KPI는 조직의 목표를 명확히 하고, 이를 달성하기 위한 기준을 제공합니다. 이를 통해 목표 달성에 대한 진척 상황을 평가할 수 있습니다.
- **성과 평가:** KPI는 성과를 정량적으로 평가하고, 목표 대비 실적을 분석하여 개선점을 도출하는 데 도움을 줍니다.
- **전략 조정:** KPI를 통해 성과를 분석하고, 전략을 조정함으로써 목표 달성을 위한 방향을 수정할 수 있습니다.

나. KPI 설정 과정

KPI(Key Performance Indicator, 핵심 성과 지표) 설정 과정은 다음과 같습니다.

- **목표 정의:** KPI를 설정하기 전에 조직의 목표를 명확히 정의해야 합니다. 목표는 SMART(Specific, Measurable, Achievable, Relevant, Time-bound) 원칙에 따라 설정하는 것이 좋습니다.
- **지표 선정:** 목표를 달성하기 위해 필요한 지표를 선정합니다. 이 지표는 측정 가능하고, 목표와 관련성이 높아야 합니다.
- **데이터 수집:** KPI를 측정하기 위한 데이터를 수집합니다. 데이터는 정확하고 신뢰할 수 있어야 하며, 실시간으로 업데이트되는 것이 이상적입니다.

- **성과 분석:** 수집된 데이터를 분석하여 KPI 성과를 평가합니다. 분석 결과를 바탕으로 성과를 비교하고, 필요시 개선 조치를 취합니다.

다. 성과 분석의 방법

KPI(Key Performance Indicator, 핵심 성과 지표) 성과 분석 방법으로는 다음과 같은 것이 있습니다.

- **비교 분석:** KPI 성과를 목표와 비교하여 현재의 성과를 평가합니다. 이를 통해 목표 달성 여부를 확인하고, 성과의 차이를 분석할 수 있습니다.
- **추세 분석:** 시간에 따른 KPI의 변화를 분석하여 성과의 추세를 파악합니다. 이를 통해 장기적인 성과 패턴을 이해하고, 미래 예측을 가능하게 합니다.
- **경쟁 분석:** 경쟁사의 KPI 성과와 비교하여 자사의 위치를 평가합니다. 이를 통해 경쟁 우위를 확보하기 위한 전략을 수립할 수 있습니다.

제3항. 데이터 기반 전략적 계획 수립

가. 전략적 계획의 필요성

데이터 기반의 전략적 계획은 비즈니스의 성공을 위해 필수적입니다. 전략적 계획은 조직의 목표를 달성하기 위한 구체적인 행동 계획을 수립하는 과정입니다. 데이터 분석을 통해 효과적인 전략을 수립하고, 실행 가능성을 높일 수 있습니다.

- **목표 설정:** 데이터 분석을 통해 목표를 설정하고, 이를 달성하기 위한 전략을 구체화합니다. 목표는 데이터 분석 결과에 기반하여 현실적이고 실현 가능해야 합니다.
- **전략 개발:** 데이터 분석을 바탕으로 다양한 전략을 개발합니다. 이 전략은 데이터에서 도출된 인사이트를 반영하여 경쟁력을 강화하는 방향으로 설정됩니다.
- **전략 실행:** 수립된 전략을 실행하기 위한 구체적인 계획을 마련합니다. 실행 계획은 데이터 기반의 KPI와 성과 분석을 통해 조정될 수 있습니다.

나. 데이터 기반 전략적 계획 수립 과정

데이터 기반 전략적 계획 수립 과정은 다음과 같습니다.

- **데이터 수집과 분석:** 전략 수립을 위한 데이터를 수집하고 분석합니다. 데이터 분석을 통해 비즈니스 환경, 고객 요구, 시장 동향 등을 이해할 수 있습니다.
- **전략 목표 설정:** 데이터 분석 결과를 바탕으로 전략 목표를 설정합니다. 목표는 SMART 원칙에 따라 구체적이고 측정 가능해야 합니다.
- **전략 개발:** 목표를 달성하기 위한 구체적인 전략을 개발합니다. 이 전략은 데이터 분석을 통해 도출된 인사이트와 시장의 요구를 반영합니다.
- **전략 실행과 모니터링:** 전략을 실행하고, KPI를 통해 성과를 모니터링합니다. 성과 분석 결과를 바탕으로 전략을 조정하고 개선점을 도출합니다.

제4항. 사례 연구

가. 농업 분야의 데이터 기반 의사 결정

농업 분야에서의 데이터 기반 의사 결정 사례로는 다음과 같은 것이 있습니다.

- **정밀 농업:** 정밀 농업에서는 센서와 드론을 통해 농작물의 상태를 실시간으로 모니터링하고, 데이터를 분석하여 맞춤형 관리 전략을 수립합니다. 예를 들어, 토양의 수분과 영양 상태를 모니터링하여 적절한 비료와 물을 공급함으로써 생산성을 높이고 자원 낭비를 줄입니다.
- **스마트 온실:** 스마트 온실에서는 온도, 습도, CO_2 농도 등을 데이터 기반으로 관리하여 최적의 생장 조건을 유지합니다. 데이터 분석을 통해 생장 조건을 자동으로 조절하고, 에너지 소비를 최적화합니다.

나. 수산업 분야의 데이터 기반 의사 결정

수산업 분야에서의 데이터 기반 의사 결정 사례로는 다음과 같은 것이 있습니다.

- **스마트 양식장:** 스마트 양식장에서는 수질 데이터와 환경 데이터를 실시간으로 모니터링하고, 이를 기반으로 자동화된 먹이 공급 시스템과 환경 제어 시스템을 운영합니다. 데이터 분석을 통해 양식장의 상태를 최적화하고, 수산물의 품질을 개선합니다.
- **해양 데이터 분석:** 해양 데이터 분석을 통해 어획량 예측과 자원 관

리를 최적화합니다. 빅데이터와 AI를 활용하여 해양 환경의 변화를 예측하고, 이를 바탕으로 지속 가능한 어획 전략을 수립합니다.

제5항. 요약 정리

가. 결론

데이터 기반 의사 결정은 스마트 농수산업의 성공적인 운영을 위한 핵심 요소입니다. KPI 설정과 성과 분석, 데이터 기반 전략적 계획 수립을 통해 비즈니스 결정을 향상시키고, 운영 효율성을 극대화할 수 있습니다. 데이터는 농수산업의 과거와 현재를 분석하고, 미래를 예측하는 데 중요한 역할을 하며, 이를 통해 조직의 목표 달성과 경쟁력 강화를 이루는 데 기여합니다. 데이터 기반 의사 결정은 단순한 기술적 접근이 아니라, 조직의 전략적 성공을 위한 필수적인 요소임을 이해하고, 이를 적극적으로 활용하는 것이 중요합니다.

나. 추가 학습 질문

Q1: 데이터 기반 의사 결정에서 KPI를 설정할 때 고려해야 할 주요 요소는 무엇인가요?

Q2: 농수산업에서 실시간 데이터 모니터링과 분석이 운영 효율성에 미치는 영향을 구체적인 사례를 통해 설명해 주세요.

Q3: 데이터 기반의 전략적 계획 수립 과정에서 발생할 수 있는 주요 도전 과제와 이를 해결하기 위한 전략은 무엇인가요?

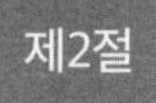

디지털 마케팅과 브랜드 구축

디지털 마케팅과 브랜드 구축은 현대 농수산업의 경쟁력을 강화하는 데 필수적인 요소입니다. 디지털 시대에 접어들면서 전통적인 마케팅 방식만으로는 시장에서의 우위를 확보하기 어려워졌습니다. 디지털 마케팅 전략은 브랜드 인지도를 높이고, 고객층을 확장하며, 시장에서의 경쟁력을 강화하는 데 중요한 역할을 합니다. 이 절에서는 디지털 마케팅의 주요 전략인 소셜 미디어, 검색 엔진 최적화(SEO), 콘텐츠 마케팅 등을 활용하여 어떻게 효과적으로 브랜드를 구축하고, 시장에서 경쟁력을 높일 수 있는지에 대해 상세히 설명합니다.

제1항. 디지털 마케팅의 필요성과 중요성

가. 디지털 마케팅의 정의

디지털 마케팅은 인터넷과 디지털 기술을 활용하여 제품이나 서비스의 홍보와 판매를 촉진하는 모든 마케팅 활동을 포함합니다. 이는 소셜 미디어, 검색 엔진, 이메일, 모바일 애플리케이션 등 다양한 디지털 채널을 통해 이루어집니다.

- **온라인 광고:** 배너 광고, 검색 광고, 디스플레이 광고 등 다양한 형태로 온라인에서 브랜드를 홍보합니다.
- **소셜 미디어:** 페이스북, 카카오톡, 네이버 블로그 등의 플랫폼을 통해 고객과 소통하고, 브랜드 인지도를 높입니다.
- **콘텐츠 마케팅:** 블로그, 영상, 인포그래픽 등을 활용하여 고객에게 유용한 정보를 제공하고, 브랜드 가치를 전달합니다.

나. 디지털 마케팅의 중요성

디지털 마케팅의 중요성으로는 다음과 같은 것이 있습니다.

- **범위의 확장:** 디지털 마케팅은 지역적 한계를 넘어 글로벌 시장을 대상으로 할 수 있습니다. 이는 특히 농수산업에서 새로운 시장을 개척하는 데 유리합니다.
- **비용 효율성:** 전통적인 마케팅 방식에 비해 디지털 마케팅은 상대적으로 낮은 비용으로 높은 효과를 얻을 수 있습니다.
- **정량적 측정:** 디지털 마케팅은 성과를 정량적으로 측정할 수 있어, 마케팅 캠페인의 효율성을 분석하고 개선할 수 있습니다.

제2항. 소셜 미디어 마케팅

가. 소셜 미디어의 역할

소셜 미디어는 브랜드 인지도를 높이고, 고객과의 소통을 강화하는 강력한 도구입니다. 플랫폼에 따라 다양한 형태의 콘텐츠를 통해 고객의 관심을 끌고, 브랜드에 대한 신뢰를 구축할 수 있습니다.

- **브랜드 인지도 증가:** 소셜 미디어 광고와 캠페인을 통해 많은 사람들에게 브랜드를 노출시키고, 인지도를 높입니다.
- **고객 소통 강화:** 고객의 피드백을 직접 받고, 이에 대한 응답을 통해 고객과의 관계를 강화합니다.
- **콘텐츠 공유:** 고객이 자발적으로 콘텐츠를 공유하게 하여 브랜드의 자연스러운 확산을 유도합니다.

나. 소셜 미디어 전략

소셜 미디어 전략으로는 다음과 같은 것이 있습니다.

- **타겟 분석:** 목표 고객층을 명확히 하고, 그들이 선호하는 소셜 미디어 플랫폼을 파악합니다. 이를 통해 적합한 플랫폼에서 마케팅을 진행합니다.
- **콘텐츠 계획:** 고객의 관심을 끌고 참여를 유도할 수 있는 콘텐츠를 기획합니다. 비주얼 콘텐츠, 사용자 생성 콘텐츠, 생중계 등 다양한 형식을 활용합니다.
- **분석 및 조정:** 소셜 미디어 활동의 성과를 분석하고, 이를 바탕으로 전략을 조정합니다. 주요 지표로는 도달률, 참여율, 전환율 등이 있습니다.

제3항. 검색 엔진 최적화(SEO)

가. SEO의 개요

검색 엔진 최적화(SEO)는 웹사이트의 검색 엔진 결과 페이지(SERP) 순위를 높이기 위해 수행하는 일련의 작업입니다. 이를 통해 더 많은 유기적 방문자를 유도하고, 브랜드의 온라인 가시성을 높일 수 있습니다.

- **키워드 연구:** 고객이 검색할 가능성이 있는 키워드를 연구하고, 이를 웹사이트 콘텐츠에 적절히 배치합니다.
- **온페이지 SEO:** 웹사이트의 구조와 콘텐츠를 최적화하여 검색 엔진이 웹사이트를 잘 이해하고 인덱싱할 수 있도록 합니다. 여기에는 메타 태그, 제목 태그, URL 구조 등이 포함됩니다.
- **오프페이지 SEO:** 다른 웹사이트와의 링크 구축을 통해 웹사이트의 권위와 신뢰성을 높입니다. 또한, 소셜 미디어 활동도 오프페이지 SEO에 영향을 미칩니다.

나. SEO 전략

SEO 전략으로는 다음과 같은 것이 있습니다.

- **콘텐츠 최적화:** 고품질의 유용한 콘텐츠를 작성하고, 검색 엔진이 잘 이해할 수 있도록 키워드를 적절히 배치합니다. 블로그 포스트, 가이드, 연구 보고서 등이 효과적입니다.
- **모바일 최적화:** 모바일 기기에서 웹사이트가 원활하게 작동하도록

최적화합니다. 이는 사용자 경험을 개선하고 검색 엔진에서의 순위를 높이는 데 도움이 됩니다.

- **속도 개선:** 웹사이트의 로딩 속도를 개선하여 사용자 경험을 향상시키고, 검색 엔진 순위를 높입니다. 페이지 속도는 SEO의 중요한 요소 중 하나입니다.

제4항. 콘텐츠 마케팅

가. 콘텐츠 마케팅의 정의

콘텐츠 마케팅은 고객에게 가치 있는 정보를 제공함으로써 브랜드의 신뢰를 구축하고, 고객을 유치하는 전략입니다. 이는 블로그 포스트, 인포그래픽, 동영상 등 다양한 형식의 콘텐츠를 통해 이루어집니다.

- **가치 제공:** 고객이 관심을 갖는 정보와 유용한 콘텐츠를 제공하여 브랜드에 대한 신뢰를 쌓습니다.
- **브랜드 스토리텔링:** 브랜드의 이야기를 흥미롭게 전달하여 고객의 감정을 자극하고, 브랜드와의 정서적 연결을 강화합니다.
- **리드 생성:** 콘텐츠를 통해 고객의 관심을 유도하고, 잠재 고객을 생성합니다. 콘텐츠의 끝부분에 호출-행동(Call to Action)을 포함하여 리드를 생성할 수 있습니다.

나. 콘텐츠 마케팅 전략

콘텐츠 마케팅의 전략으로는 다음과 같은 것이 있습니다.

- **타겟 고객 분석:** 타겟 고객층의 관심사와 필요를 분석하여 그들에게 맞는 콘텐츠를 제작합니다.
- **콘텐츠 캘린더 작성:** 콘텐츠 제작과 배포를 체계적으로 관리하기 위해 콘텐츠 캘린더를 작성합니다. 이를 통해 일관된 메시지를 전달하고, 주기적으로 콘텐츠를 제공할 수 있습니다.
- **성과 분석:** 콘텐츠의 성과를 분석하고, 이를 바탕으로 콘텐츠 전략을 조정합니다. 주요 지표로는 페이지 뷰, 소셜 미디어 공유, 전환율 등이 있습니다.

제5항. 사례 연구

가. 농업 분야의 디지털 마케팅 성공 사례

농업 분야에서 디지털 마케팅 실제 적용 사례로는 다음과 같은 것이 있습니다.

- **농업 기술 스타트업의 성공적인 SEO 전략:** 한 농업 기술 스타트업은 검색 엔진 최적화(SEO)를 통해 자사의 웹사이트 트래픽을 300% 증가시켰습니다. 이들은 키워드 연구와 콘텐츠 최적화를 통해 검색 엔진 결과 페이지에서 상위에 노출되었습니다.
- **소셜 미디어 캠페인의 효과:** 유기농 농산물 브랜드는 인스타그램 캠페인을 통해 브랜드 인지도를 높였습니다. 매력적인 비주얼 콘텐츠와 해시태그 전략을 활용하여 고객의 관심을 끌고, 판매를 증가시켰습니다.

나. 수산업 분야의 디지털 마케팅 성공 사례

수산업 분야에서 디지털 마케팅 실제 적용 사례로는 다음과 같은 것이 있습니다.

- **콘텐츠 마케팅을 통한 브랜드 강화:** 한 수산물 공급업체는 블로그와 동영상 콘텐츠를 통해 자사의 제품과 생산 공정을 소개했습니다. 이를 통해 고객의 신뢰를 얻고, 브랜드 충성도를 높였습니다.
- **디지털 광고 캠페인의 효과:** 디지털 광고 캠페인을 통해 특정 수산물의 판매를 50% 증가시킨 사례가 있습니다. 이는 타겟팅 광고와 맞춤형 메시지를 통해 고객의 관심을 유도한 결과입니다.

제6항. 요약 정리

가. 결론

디지털 마케팅과 브랜드 구축은 현대 농수산업의 성공적인 운영에 있어 핵심적인 역할을 합니다. 소셜 미디어, 검색 엔진 최적화(SEO), 콘텐츠 마케팅 등의 전략을 효과적으로 활용함으로써 브랜드 인지도를 높이고, 고객층을 확장할 수 있습니다. 각 디지털 마케팅 전략은 고객의 요구와 시장의 변화를 반영하여, 브랜드의 경쟁력을 강화하는 데 기여합니다. 따라서, 농수산업 기업은 디지털 마케팅을 전략적으로 활용하여 시장에서의 우위를 확보하고, 지속 가능한 성장을 이루는 것이 중요합니다.

나. 추가 학습 질문

Q1: 디지털 마케팅 전략을 수립할 때, 특히 농수산업 기업이 가장 우선적으로 고려해야 할 요소는 무엇인가요?

Q2: 소셜 미디어를 활용하여 농수산업에서 브랜드 인지도를 높이기 위한 효과적인 캠페인 사례를 제공해 주세요.

Q3: 검색 엔진 최적화(SEO)와 콘텐츠 마케팅을 통합하여 시너지 효과를 극대화하는 방법에는 어떤 것들이 있을까요?

고객 관리 및 CRM 시스템

고객 관계 관리(Customer Relationship Management, CRM) 시스템은 현대 농수산업에서 고객의 요구를 효과적으로 파악하고 맞춤형 서비스를 제공하는 핵심 도구입니다. CRM 시스템의 도입과 활용은 고객 만족도를 높이고 장기적인 고객 관계를 구축하는 데 중요한 역할을 합니다. 이 절에서는 CRM 시스템의 개념과 기능을 상세히 설명하고, 이를 통해 농수산업에서 고객 관리와 서비스 향상을 위한 전략을 제시합니다.

제1항. CRM 시스템의 개요

가. CRM 시스템의 정의

CRM 시스템은 고객과의 상호작용을 관리하고, 고객 데이터를 분석하여 맞춤형 서비스를 제공하는 소프트웨어입니다. 이를 통해 기업은 고객의 요구를 이해하고, 고객 만족도를 향상시킬 수 있습니다. CRM 시스템은 고객 정보, 거래 기록, 상호작용 기록 등을 통합적으로 관리하여 고객 관계를 강화하는 데 도움을 줍니다.

- **고객 데이터 통합:** CRM 시스템은 고객의 모든 정보를 하나의 플랫폼에서 통합하여 관리합니다. 이를 통해 고객의 구매 이력, 상호작용 기록, 선호도 등을 종합적으로 파악할 수 있습니다.
- **맞춤형 서비스 제공:** 고객의 요구와 선호를 분석하여 맞춤형 서비스를 제공함으로써 고객 만족도를 높입니다. 예를 들어, 특정 고객의 구매 패턴을 분석하여 개인화된 마케팅 캠페인을 진행할 수 있습니다.
- **효율적인 커뮤니케이션:** CRM 시스템을 통해 고객과의 커뮤니케이션을 체계적으로 관리하고, 고객의 문의나 불만에 신속히 대응할 수 있습니다.

나. CRM 시스템의 중요성

CRM 시스템의 중요성으로는 다음과 같은 것이 있습니다.

- **고객 이해 증진:** CRM 시스템은 고객의 행동과 선호를 분석하여 고객의 요구를 더 잘 이해할 수 있도록 도와줍니다. 이는 제품 개발과 마케팅 전략에 중요한 인사이트를 제공합니다.
- **고객 만족도 향상:** 고객의 요구와 문제를 신속하게 해결하고, 맞춤형 서비스를 제공함으로써 고객 만족도를 향상시킬 수 있습니다.
- **장기적인 고객 관계 구축:** CRM 시스템은 고객과의 장기적인 관계를 구축하고 유지하는 데 필요한 도구를 제공합니다. 이를 통해 고객의 충성도를 높이고, 재구매를 유도할 수 있습니다.

제2항. CRM 시스템의 주요 기능

가. 고객 데이터 관리

고객 데이터 관리 주요 기능은 다음과 같습니다.

- **데이터 수집:** 고객의 기본 정보, 구매 이력, 상호작용 기록 등을 체계적으로 수집합니다. 이는 고객의 행동 패턴을 분석하고, 맞춤형 서비스를 제공하는 데 기반이 됩니다.
- **데이터 분석:** 수집된 데이터를 분석하여 고객의 선호도와 행동 패턴을 파악합니다. 이를 통해 더 효과적인 마케팅 전략을 수립할 수 있습니다.
- **데이터 업데이트:** 고객의 정보가 변경될 때마다 시스템을 업데이트하여 최신 정보를 유지합니다. 이는 고객과의 원활한 커뮤니케이션을 보장합니다.

나. 고객 상호작용 관리

고객 상호작용 관리 주요 기능은 다음과 같습니다.

- **문의 및 요청 처리:** 고객의 문의와 요청을 체계적으로 관리하고, 신속히 처리하여 고객 만족도를 높입니다. CRM 시스템은 고객의 요청을 추적하고, 해결 상태를 모니터링할 수 있도록 지원합니다.
- **피드백 수집:** 고객의 피드백을 수집하고 분석하여 서비스 개선에 활용합니다. 고객의 의견을 적극적으로 반영함으로써 고객의 신뢰를

얻을 수 있습니다.

- **프로모션 및 캠페인 관리:** CRM 시스템을 통해 맞춤형 프로모션과 마케팅 캠페인을 관리합니다. 고객의 선호도와 구매 이력을 바탕으로 개인화된 마케팅을 진행할 수 있습니다.

다. 성과 분석 및 보고

성과 분석 및 보고의 주요 기능은 다음과 같습니다.

- **성과 추적:** CRM 시스템은 마케팅 캠페인의 성과를 추적하고 분석할 수 있는 기능을 제공합니다. 주요 지표로는 캠페인 응답률, 전환율, 고객 만족도 등이 있습니다.
- **보고서 작성:** 고객 관리와 관련된 다양한 보고서를 자동으로 생성하여 경영진과 마케팅팀에 제공할 수 있습니다. 이를 통해 의사 결정을 지원하고, 전략을 조정할 수 있습니다.

제3항. CRM 시스템 활용 사례

가. 농업 분야의 CRM 활용

농업 분야에서 CRM 시스템 실제 적용 사례로는 다음과 같은 것이 있습니다.

- **농산물 주문 관리:** 농업 기업은 CRM 시스템을 통해 농산물 주문을 체계적으로 관리하고, 고객의 요구에 맞춘 주문 처리를 지원합니다.

이를 통해 주문 처리 속도와 정확성을 향상시킬 수 있습니다.

- **고객 맞춤형 서비스 제공:** 농업 기업은 CRM 시스템을 통해 고객의 구매 이력을 분석하고, 맞춤형 제품 추천과 프로모션을 제공합니다. 이를 통해 고객의 만족도를 높이고, 재구매를 유도할 수 있습니다.

나. 수산업 분야의 CRM 활용

수산업 분야에서 CRM 시스템 실제 적용 사례로는 다음과 같은 것이 있습니다.

- **어획량 예측 및 관리:** 수산업 기업은 CRM 시스템을 통해 어획량 예측과 자원 관리를 지원합니다. 고객의 수요를 분석하여 어획량을 조절하고, 효율적인 자원 관리를 실현할 수 있습니다.
- **고객 피드백 반영:** 수산물 공급업체는 CRM 시스템을 통해 고객의 피드백을 수집하고, 이를 바탕으로 품질 개선과 서비스를 개선합니다. 고객의 의견을 적극적으로 반영하여 신뢰를 얻을 수 있습니다.

제4항. 요약 정리

가. 결론

CRM 시스템은 스마트 농수산업에서 고객 관계를 효과적으로 관리하고, 맞춤형 서비스를 제공하는 데 필수적인 도구입니다. 고객 데이터를 통합하고 분석하여 고객의 요구를 이해하며, 맞춤형 서비스와 효율적인 커뮤니케이션을 통해 고객 만족도를 향상시킬 수 있습니다. CRM 시스템의 도입과 활용은 장기적인 고객 관계를 구축하고, 경쟁력을 강화하는 데 기여합니다. 따라서 농수산업 기업은 CRM 시스템을 적극적으로 활용하여 고객 중심의 서비스를 제공하고, 지속 가능한 성장을 이루는 것이 중요합니다.

나. 추가 학습 질문

Q1: CRM 시스템을 도입하기 전, 농수산업 기업이 가장 먼저 고려해야 할 사항은 무엇인가요?

Q2: CRM 시스템을 통해 고객 맞춤형 서비스를 제공하는 데 있어 가장 효과적인 전략은 무엇인가요?

Q3: CRM 시스템의 도입과 활용에서 발생할 수 있는 주요 도전 과제와 그 해결 방법에는 어떤 것들이 있나요?

제4절

위기 관리와 리스크 대응

농수산업은 환경, 시장, 기술, 규제 등 다양한 요인으로 인해 예기치 않은 위기 상황에 직면할 수 있습니다. 이러한 위기 상황을 효과적으로 관리하고 리스크를 최소화하는 것은 기업의 안정성을 확보하고 지속 가능한 성장을 이루기 위한 필수적인 전략입니다. 이 절에서는 위기 관리와 리스크 대응의 핵심 요소를 설명하고, 이를 통해 기업이 위기 상황에 신속하게 대응하고 안정성을 유지하는 방법을 제시합니다.

제1항. 위기 관리의 개념

가. 위기 관리의 정의

위기 관리(Crisis Management)는 기업이 예기치 못한 위기 상황에 직면했을 때, 이를 효과적으로 대응하고 최소화하기 위한 체계적인 접근 방식을 의미합니다. 위기 관리는 위기 상황의 예방, 대응, 회복 과정을 포함하며, 목표는 기업의 지속 가능한 운영과 브랜드 신뢰를 보호하는 것입니다.

- **예방:** 위기 발생 가능성을 미리 파악하고 예방 조치를 취합니다. 이

는 위험 요소를 사전에 식별하고, 이를 방지하기 위한 조치를 마련하는 과정입니다.

- **대응:** 위기 발생 시 신속하고 효과적으로 대응합니다. 이를 위해 위기 대응 팀을 조직하고, 비상 대응 계획을 실행합니다.
- **회복:** 위기 상황이 종료된 후, 기업의 정상 운영을 회복하고, 위기 상황에서의 교훈을 바탕으로 개선점을 도출합니다.

나. 위기 관리의 중요성

위기 관리의 중요성은 다음과 같습니다.

- **기업의 안정성 확보:** 위기 상황에 적절히 대응함으로써 기업의 안정성을 유지하고, 운영 중단이나 재정적 손실을 최소화할 수 있습니다.
- **브랜드 신뢰 보호:** 위기 상황에서의 효과적인 대응은 고객과 투자자의 신뢰를 보호하고, 브랜드 이미지의 회복을 지원합니다.
- **법적 및 규제 준수:** 위기 상황에 대한 적절한 대응은 법적 및 규제 요구사항을 준수하는 데 도움을 줍니다. 이는 기업의 법적 책임을 최소화합니다.

제2항. 비상 대응 계획

가. 비상 대응 계획의 개념

비상 대응 계획(Emergency Response Plan, ERP)은 위기 상황 발생 시 신속하고 효과적으로 대응하기 위한 구체적인 절차와 방침을 정의하는 문서입니다. 비상 대응 계획은 위기 발생 시 각 부서와 역할을 명확히 하고, 대응 절차를 체계화하여 혼란을 최소화하는 데 중점을 둡니다.

- **위기 식별 및 평가:** 위기 상황의 유형과 영향을 식별하고 평가합니다. 이는 위기의 심각성과 우선 순위를 판단하는 데 중요합니다.
- **조직화된 대응팀:** 비상 대응팀을 구성하고, 각 팀원에게 역할과 책임을 부여합니다. 이는 위기 상황에서의 효율적인 대응을 보장합니다.
- **응급 조치 절차:** 위기 발생 시 즉각적으로 실행할 응급 조치 절차를 정의합니다. 이는 상황의 확산을 방지하고, 피해를 최소화하는 데 도움을 줍니다.
- **자원 관리:** 위기 대응에 필요한 자원(인력, 장비, 자금 등)을 관리하고 배분합니다. 이를 통해 필요한 자원을 적시에 제공할 수 있습니다.

나. 비상 대응 계획의 구성 요소

비상 대응 계획의 구성 요소는 다음과 같습니다.

- **위기 대응 매뉴얼:** 위기 상황에 대한 대응 절차와 매뉴얼을 포함합니다. 매뉴얼은 각 부서의 역할과 책임을 명확히 하고, 대응 절차를 세부적으로 설명합니다.
- **연락망 구축:** 위기 상황에서 신속하게 연락할 수 있는 내부 및 외부 연락망을 구축합니다. 이는 관련 부서와 이해관계자 간의 원활한 커뮤니케이션을 보장합니다.
- **훈련 및 연습:** 비상 대응 계획을 실제 상황에 적용하기 전에 훈련과

연습을 통해 대응 능력을 강화합니다. 정기적인 훈련을 통해 직원들이 위기 상황에 효과적으로 대응할 수 있도록 준비합니다.

제3항. 리스크 평가 및 관리

가. 리스크 평가의 개념

리스크 평가는 잠재적인 위험 요소를 식별하고, 그 영향을 평가하여 대응 전략을 마련하는 과정입니다. 리스크 평가는 위기 상황을 예방하고, 위기 발생 시의 대응 준비 상태를 점검하는 데 필수적입니다.

- **위험 식별:** 기업이 직면할 수 있는 잠재적인 위험 요소를 식별합니다. 이는 내부(인력 부족, 기술 실패 등) 및 외부(자연 재해, 시장 변동 등) 요소를 포함합니다.
- **위험 평가:** 식별된 위험 요소의 영향을 평가하고, 위험의 심각성과 발생 가능성을 분석합니다. 이는 리스크의 우선 순위를 정하는 데 중요합니다.
- **위험 대응 전략:** 평가된 위험 요소에 대해 적절한 대응 전략을 마련합니다. 이는 위험의 감소, 회피, 수용 등의 방법을 포함합니다.

나. 리스크 관리 전략

리스크 관리 전략은 다음과 같습니다.

- **위험 감소:** 위험을 줄이기 위한 예방 조치를 취합니다. 예를 들어, 기

술적 오류를 방지하기 위한 시스템 점검과 보안 강화를 포함합니다.

- **위험 회피:** 위험 요소를 완전히 회피하는 방법을 모색합니다. 예를 들어, 고위험 지역에서의 사업 운영을 중단하는 것입니다.
- **위험 수용:** 리스크를 완전히 제거할 수 없는 경우, 리스크를 수용하고 그에 따른 비용을 예측하여 대비합니다. 예를 들어, 보험을 통해 재정적 손실을 보전하는 것입니다.
- **위험 이전:** 위험을 제3자에게 이전하는 방법을 고려합니다. 예를 들어, 계약서에 리스크를 이전할 수 있는 조항을 포함시키는 것입니다.

제4항. 사례 연구

가. 농업 분야의 위기 관리 사례

농업 분야에서 위기 관리 시스템 실제 적용 사례로는 다음과 같은 것이 있습니다.

- **기후 변화 대응:** 기후 변화로 인한 농작물 피해를 최소화하기 위해, 농업 기업은 기후 변화에 대한 데이터를 분석하고, 대체 작물 재배와 같은 예방 조치를 취합니다. 비상 대응 계획을 마련하여 기후 변화에 적시 대응할 수 있도록 준비합니다.
- **질병 발생 대응:** 농작물의 질병 발생 시, 신속한 진단과 치료를 위해 전문가와 협력하고, 질병 확산 방지를 위한 방역 조치를 실시합니다. 위기 커뮤니케이션 전략을 통해 농업인과 소비자에게 정확한 정보를 제공하고, 피해를 최소화합니다.

나. 수산업 분야의 위기 관리 사례

수산업 분야에서 위기 관리 시스템 실제 적용 사례로는 다음과 같은 것이 있습니다.

- **수질 오염 대응:** 수질 오염 사고 발생 시, 수산업 기업은 신속히 오염원을 제거하고, 수질 개선 조치를 취합니다. 위기 대응팀을 구성하여 사고를 관리하고, 이해관계자에게 투명한 정보를 제공합니다.
- **자원 고갈 대응:** 어획 자원의 고갈 문제를 해결하기 위해, 자원 관리 계획을 수립하고, 어획량을 조절하여 지속 가능한 어업을 실현합니다. 커뮤니케이션 전략을 통해 자원 관리 정책을 이해관계자와 공유합니다.

제5항. 요약 정리

가. 결론

위기 관리와 리스크 대응은 농수산업에서 기업의 안정성을 유지하고, 지속 가능한 성장을 이루기 위해 필수적인 전략입니다. 비상 대응 계획의 수립과 리스크 평가, 위기 커뮤니케이션 전략을 통해 기업은 위기 상황에 신속하고 효과적으로 대응할 수 있습니다. 위기 상황에서의 적절한 대응은 기업의 신뢰를 보호하고, 브랜드 이미지를 유지하는 데 기여합니다. 따라서 농수산업 기업은 체계적인 위기 관리 전략을 마련하고, 지속적으로 대비책을 강화하는 것이 중요합니다.

나. 추가 학습 질문

Q1: 위기 대응 계획을 수립할 때 가장 중요한 요소는 무엇인가요?

Q2: 리스크 평가에서 주요 리스크를 식별하고 평가하는 과정에서 유의해야 할 점은 무엇인가요?

Q3: 위기 커뮤니케이션 전략에서 신뢰를 유지하기 위해 어떤 구체적인 방법을 사용할 수 있나요?

스마트 농수산업의 미래와 도전 과제

Ubiquitous Smart Agriculture

미래 기술 전망

스마트 농수산업의 미래를 논할 때, 기술의 진보와 혁신은 필수적으로 고려해야 할 요소입니다. 21세기 농수산업은 급속한 기술 발전과 글로벌 환경의 변화에 따라 변모하고 있습니다. 이 절에서는 인공지능(AI), 유전자 변형, 지속 가능한 기술 등 향후 주요 기술 동향을 분석하고, 이들이 농수산업에 미칠 영향을 예측하며, 미래 기술 발전 방향을 제시하겠습니다.

제1항. 인공지능(AI)과 데이터 분석

가. 인공지능의 적용

인공지능(AI)은 농수산업의 여러 분야에서 혁신을 주도하고 있습니다. AI 기술은 데이터 분석과 예측 모델링을 통해 농작물의 생육 상태를 모니터링하고, 최적의 자원 배분 및 관리를 지원합니다.

- **생장 예측:** AI 기반의 예측 모델은 농작물의 생장 패턴을 분석하고, 최적의 수확 시점을 예측할 수 있습니다. 이를 통해 농업 생산성을 극대화하고, 자원의 낭비를 줄이는 것이 가능합니다.

- **질병 및 해충 감지:** AI를 활용한 이미지 분석 기술은 농작물의 질병과 해충을 조기에 발견할 수 있습니다. 이는 예방적 조치를 통해 농작물의 품질과 수량을 보호하는 데 기여합니다.
- **자동화된 관리 시스템:** AI는 자동화된 농업 관리 시스템을 지원하여, 예를 들어 드론을 통해 작물의 상태를 모니터링하고, 자동으로 물을 주거나 비료를 공급하는 등의 작업을 수행합니다.

나. 데이터 분석의 발전

데이터 분석은 농수산업에서의 의사 결정을 지원하는 핵심 기술입니다. 고급 데이터 분석 기법은 농업 및 수산업의 복잡한 패턴을 이해하고, 미래의 트렌드를 예측할 수 있는 능력을 제공합니다.

- **빅데이터 활용:** 농작물의 성장, 기후 변화, 시장 수요 등의 다양한 데이터를 수집하고 분석하여, 전략적 결정을 내리는 데 필요한 인사이트를 제공합니다.
- **정밀 분석 도구:** 고도화된 분석 도구와 알고리즘은 농업의 여러 변수들을 정확히 분석하여, 맞춤형 농업 솔루션을 제공하고, 성과를 극대화할 수 있습니다.

제2항. 유전자 변형 기술

가. 유전자 변형의 혁신

유전자 변형 기술은 농수산업에서의 혁신을 주도하며, 특히 CRISPR-

Cas9과 같은 최신 기술이 주목받고 있습니다. 이 기술들은 농작물과 수산물의 유전자 구조를 정밀하게 수정하여, 더 나은 품질과 생산성을 달성하는 데 도움을 줍니다.

- **작물 품종 개선:** 유전자 변형을 통해 병해충에 강하고, 기후 변화에 적응할 수 있는 새로운 품종을 개발할 수 있습니다. 이는 식량 안보와 농업의 지속 가능성에 기여합니다.
- **영양가 개선:** 유전자 변형 기술을 활용하여 작물의 영양가를 향상시키는 연구가 진행되고 있습니다. 이는 더 건강한 식품을 제공하고, 영양 불균형 문제를 해결하는 데 도움을 줄 수 있습니다.
- **어종 개선:** 수산업에서도 유전자 변형 기술이 활용되며, 생육 속도가 빠르고 질병에 강한 어종을 개발하여 양식업의 효율성을 높이고, 지속 가능한 어업을 실현할 수 있습니다.

나. 윤리적 고려사항

유전자 변형 기술의 발전과 함께 윤리적 논의도 필요합니다. 생명체의 유전자를 변경하는 것이 환경과 생태계에 미치는 영향, 그리고 인간의 건강에 대한 잠재적 위험을 충분히 고려해야 합니다.

- **환경적 영향:** 유전자 변형으로 개발된 품종이 자연 생태계에 미치는 영향을 평가하고, 생태계의 균형을 유지하기 위한 방안을 모색해야 합니다.
- **사회적 논의:** 기술의 사용에 대한 사회적 합의를 이루고, 기술이 공

공의 이익에 부합하도록 적절한 규제와 정책을 마련해야 합니다.

제3항. 지속 가능한 기술

가. 지속 가능한 농업 기술

지속 가능한 기술은 환경 보호와 자원 절약을 통해 농업의 지속 가능성을 높이는 데 중점을 둡니다. 이들 기술은 에너지 효율성을 높이고, 자원의 낭비를 줄이며, 환경에 미치는 영향을 최소화하는 방향으로 발전하고 있습니다.

- **에너지 절약 기술:** 농업에서 에너지 소비를 줄이기 위한 다양한 기술이 개발되고 있습니다. 예를 들어, 에너지 효율적인 온실 시스템이나 재생 가능 에너지를 활용한 농업 운영이 그 예입니다.
- **물 재활용 시스템:** 물 자원의 절약과 재활용을 위한 기술이 도입되고 있으며, 이는 물 부족 문제를 해결하고, 농작물의 수확량을 유지하는 데 기여합니다.
- **유기농법과 친환경 비료:** 화학 비료와 농약의 사용을 줄이고, 유기농법과 친환경 비료를 통해 농업의 환경적 영향을 줄이려는 노력도 계속되고 있습니다.

나. 지속 가능한 수산업 기술

수산업에서도 지속 가능한 기술이 중요하며, 이는 해양 자원의 보호와 생태계의 건강을 유지하는 데 중점을 두고 있습니다.

- **지속 가능한 양식 기술:** 환경에 미치는 영향을 최소화하고, 자원 효율성을 높이기 위해 자동화된 양식 시스템과 자원 순환 기술이 도입되고 있습니다.
- **해양 쓰레기 처리 기술:** 해양 쓰레기를 효율적으로 처리하고, 해양 생태계를 보호하기 위한 기술이 개발되고 있으며, 이는 해양 환경을 지속 가능하게 유지하는 데 기여합니다.

제4항. 기술 발전 방향

가. 협업과 융합

미래의 농수산업 기술 발전은 다양한 분야의 기술 협업과 융합을 통해 이루어질 것입니다. 인공지능, 유전자 변형, 지속 가능한 기술 등 다양한 기술들이 융합되어 새로운 솔루션을 제공할 것입니다.

- **기술 통합:** AI와 유전자 변형 기술을 통합하여, 보다 정밀한 농작물 관리와 생산성을 높일 수 있는 새로운 기술 솔루션이 등장할 것입니다.
- **산업 간 협력:** 농업과 수산업, IT 산업 간의 협력을 통해, 새로운 기술적 접근법과 혁신적인 솔루션을 개발할 수 있을 것입니다.

나. 글로벌 접근과 정책

기술 발전은 글로벌 접근과 정책의 지원을 받아야 합니다. 국제적인 협력과 정책 마련이 필요하며, 이를 통해 기술의 발전이 공평하고 지속 가능한 방향으로 이루어질 수 있습니다.

- **국제 협력:** 글로벌 기술 표준을 설정하고, 국제적인 협력을 통해 기술 발전과 문제 해결을 촉진할 필요가 있습니다.
- **정책 지원:** 정부와 정책 입안자들은 농수산업의 지속 가능한 기술 발전을 지원하는 정책과 규제를 마련하여, 기술 혁신이 사회적, 환경적 책임을 다할 수 있도록 해야 합니다.

제5항. 요약 정리

가. 결론

스마트 농수산업의 미래는 인공지능, 유전자 변형, 지속 가능한 기술 등 다양한 혁신 기술에 의해 형성될 것입니다. 이러한 기술들은 농업과 수산업의 생산성과 효율성을 높이고, 환경을 보호하며, 지속 가능한 발전을 이루는 데 기여할 것입니다. 그러나 기술 발전에 따른 윤리적, 환경적 고려사항도 중요하며, 이를 해결하기 위한 노력과 정책이 병행되어야 합니다. 미래의 스마트 농수산업은 기술 혁신과 함께 지속 가능한 발전을 이루기 위해 지속적인 연구와 협력, 정책 지원이 필요합니다.

나. 추가 학습 질문

Q1: 인공지능 기술이 스마트 농수산업의 미래에 미치는 영향은 무엇이며, 그 활용 사례를 구체적으로 설명할 수 있나요?

Q2: 유전자 변형 기술의 발전이 농업과 수산업에 어떤 변화를 가져오며, 이 기술을 도입할 때 고려해야 할 윤리적 측면은 무엇인가요?

Q3: 지속 가능한 농수산업 기술의 발전 방향에 대해 논의하고, 각 기술

이 환경 보호와 자원 효율성에 기여하는 방안을 제시할 수 있나요?

제2절

기후 변화와 환경적 도전

기후 변화는 현재와 미래의 농수산업에 중대한 영향을 미치는 핵심 요소로 부각되고 있습니다. 이 절에서는 기후 변화가 농수산업에 미치는 영향과 환경적 도전 과제를 분석하고, 이를 해결하기 위한 기술적 접근과 정책적 대응 방안을 제시하겠습니다.

제1항. 기후 변화가 농수산업에 미치는 영향

가. 자원 부족과 기온 상승

기후 변화는 농수산업의 핵심 자원인 물과 토양에 큰 영향을 미칩니다. 자원 부족과 기온 상승은 농작물과 수산물의 생산성에 직결되는 문제입니다.

- **물 자원 부족:** 기후 변화로 인한 강우 패턴의 변화와 극단적인 기후 현상은 수자원 부족을 야기하고 있습니다. 이는 농업용수의 공급을 어렵게 만들며, 특히 물을 많이 사용하는 농작물의 경우 더 큰 타격을 받을 수 있습니다.

- **기온 상승:** 평균 기온 상승은 작물의 생장과 수확 시기를 변화시킬 수 있습니다. 높은 온도는 작물의 열 스트레스를 증가시켜 품질 저하와 수량 감소를 초래할 수 있으며, 수산업에서는 해양 온도의 상승이 어종의 서식지 변화와 생리적 스트레스를 유발할 수 있습니다.

나. 생태계 변화와 해양 산성화

기후 변화는 생태계의 구조와 기능을 변화시키며, 농수산업의 생산성과 지속 가능성에 영향을 미칩니다.

- **생태계 변화:** 기후 변화로 인한 생태계의 변화는 농작물과 수산물의 서식지에 영향을 미치며, 새로운 질병과 해충의 출현을 초래할 수 있습니다. 이는 농업과 수산업의 생산성을 저하시킬 수 있는 요소입니다.
- **해양 산성화:** 이산화탄소(CO_2) 농도의 증가로 인해 해양 산성화가 진행되고 있으며, 이는 해양 생물의 생존에 위협이 됩니다. 산성화는 조개류와 산호초의 성장에 악영향을 미치며, 수산 자원의 감소로 이어질 수 있습니다.

제2항. 기후 변화에 대한 기술적 접근

가. 스마트 농업 기술의 도입

스마트 농업 기술은 기후 변화에 대응하기 위해 중요한 역할을 할 수 있습니다. 데이터 기반의 기술은 농업의 효율성을 높이고 자원 관리를 최적화하는 데 기여합니다.

- **정밀 농업:** 정밀 농업 기술은 센서와 데이터 분석을 통해 작물의 상태를 실시간으로 모니터링하고, 최적의 자원 배분과 관리 방안을 제시합니다. 이를 통해 기후 변화로 인한 환경적 변동에 신속하게 대응할 수 있습니다.
- **기후 예측 모델:** 기후 예측 모델과 시뮬레이션 도구는 미래의 기후 조건을 예측하고, 농작물의 적정 생육 조건과 수확 시점을 결정하는 데 도움을 줍니다. 이러한 예측 정보는 농업 계획과 자원 관리를 효율적으로 지원합니다.

나. 지속 가능한 농업 기술

지속 가능한 농업 기술은 기후 변화의 영향을 완화하고 자원 효율성을 높이는 데 중점을 둡니다.

- **에너지 절약과 재생 가능 에너지:** 농업에서 에너지 소비를 줄이고 재생 가능 에너지를 활용하는 기술이 도입되고 있습니다. 예를 들어, 태양광 패널을 사용하여 농업 시설의 전력을 공급하거나, 에너지 효율적인 온실 시스템을 구축하는 방법이 있습니다.
- **물 재활용 시스템:** 물 부족 문제를 해결하기 위해 물 재활용 시스템과 효율적인 관개 기술이 개발되고 있습니다. 이러한 시스템은 물 자원의 낭비를 줄이고, 지속 가능한 농업 운영을 지원합니다.

다. 해양 환경 관리 기술

해양 환경의 변화를 모니터링하고 관리하기 위한 기술적 접근도 필수적입니다.

- **해양 센서와 모니터링:** 해양 환경을 실시간으로 모니터링하고, 산성화와 온도 변화를 추적하는 센서 기술이 발전하고 있습니다. 이러한 데이터를 통해 해양 생태계를 보호하고, 지속 가능한 어업 관리가 가능해집니다.
- **양식 기술 개선:** 양식 기술의 혁신을 통해 해양 환경의 영향을 최소화하고, 자원의 효율적인 사용을 도모할 수 있습니다. 예를 들어, 폐기물 처리 시스템과 자원 순환 기술을 적용하여 환경에 미치는 영향을 줄이는 방법이 있습니다.

제3항. 기후 변화에 대한 정책적 대응

가. 국제적 협력과 규제

기후 변화는 국제적인 문제이기 때문에, 글로벌 차원에서의 협력과 규제 마련이 중요합니다.

- **기후 협약:** 파리협정과 같은 국제 기후 협약은 각국의 온실가스 감축 목표를 설정하고, 기후 변화에 대한 공동 대응을 촉진하는 데 중요한 역할을 합니다. 농수산업 분야에서도 이러한 협약에 따라 자원의 사용과 관리 방안을 수립할 필요가 있습니다.
- **환경 규제와 정책:** 각국 정부는 기후 변화에 대응하기 위한 환경 규제와 정책을 마련하여, 농수산업의 환경적 영향을 최소화하고, 지속

가능한 발전을 지원해야 합니다. 예를 들어, 탄소 배출 규제와 환경 보호 법규의 강화가 필요합니다.

나. 지역 사회와 기업의 역할

기후 변화에 대응하기 위해 지역 사회와 기업의 참여와 역할도 중요합니다.

- **지역 사회의 대응:** 지역 사회는 기후 변화에 대한 인식을 높이고, 지역 맞춤형 대응 방안을 개발하여 농수산업의 지속 가능성을 높이는 데 기여할 수 있습니다. 예를 들어, 지역 사회의 협력을 통해 기후 변화 대응 프로젝트를 실행하거나, 지역 농업 교육 프로그램을 운영하는 방법이 있습니다.
- **기업의 책임:** 기업은 기후 변화 대응에 대한 책임을 지고, 지속 가능한 경영과 환경 보호를 실천해야 합니다. 이를 통해 기후 변화의 영향을 줄이고, 장기적으로 기업의 경쟁력을 유지할 수 있습니다.

제4항. 요약 정리

가. 결론

기후 변화는 농수산업에 중대한 도전 과제를 제기하고 있으며, 이는 자원 부족, 기온 상승, 생태계 변화, 해양 산성화 등 다양한 문제를 동반합니다. 이를 해결하기 위해서는 기술적 접근과 정책적 대응이 필요하며, 스마트 농업 기술과 지속 가능한 기술, 해양 환경 관리 기술 등이 중요한 역할을 할 것입니다. 또한, 국제적 협력과 규제, 지역 사회와 기업의 참여를 통해 기후 변화에 효과적으로 대응하고, 농수산업의 지속 가능성을 확보해야 합니다. 미래의 농수산업은 이러한 도전 과제를 극복하고, 지속 가능한 방향으로 발전하기 위해 지속적인 연구와 협력, 정책적 지원이 필요할 것입니다.

나. 추가 학습 질문

Q1: 기후 변화로 인한 자원 부족과 기온 상승이 농수산업에 미치는 구체적인 영향을 어떻게 분석할 수 있으며, 이를 해결하기 위한 기술적 접근 방법은 무엇인가요?

Q2: 해양 산성화와 생태계 변화가 수산업에 미치는 영향을 줄이기 위해 적용할 수 있는 기술적 솔루션과 관리 방법은 어떤 것들이 있나요?

Q3: 기후 변화에 대응하기 위한 국제 협력과 정책적 대응 방안을 구체적으로 설명하고, 이를 통해 농수산업의 지속 가능성을 어떻게 보장할 수 있는지 논의해 보세요.

제3절

글로벌 시장 확장과 무역

스마트 농수산업은 기술의 발전과 데이터 분석을 통해 생산성과 효율성을 극대화하고 있으며, 글로벌 시장에서도 그 잠재력을 발휘하고 있습니다. 이 절에서는 글로벌 시장으로의 확장과 무역 전략을 살펴보고, 국제 규정과 무역 장벽을 극복하며, 성공적인 글로벌 네트워크를 구축하는 방법을 설명하겠습니다.

제1항. 글로벌 시장 진출의 중요성

가. 시장 확대의 필요성

스마트 농수산업의 기술적 발전은 국내 시장을 넘어서 해외 시장으로의 확장을 가능하게 하고 있습니다. 글로벌 시장 진출은 다음과 같은 이유로 중요합니다.

- **시장 다변화:** 국내 시장의 성장 한계를 넘어, 해외 시장에 진출함으로써 기업의 시장 리스크를 분산시킬 수 있습니다. 이는 불확실한 국내 경제 상황에 대응하는 전략적 접근이기도 합니다.

- **규모의 경제:** 글로벌 시장에 진출함으로써 생산 규모를 확대하고, 이에 따라 단위 생산 비용을 절감할 수 있습니다. 이는 경쟁력을 강화하고, 가격 경쟁에서 우위를 점하는 데 기여할 수 있습니다.
- **기술과 지식의 확산:** 해외 시장에서의 성공적인 비즈니스 모델은 새로운 기술과 시장 지식을 얻는 기회를 제공합니다. 이러한 경험은 기업의 혁신 능력을 배가시키고, 글로벌 경쟁력을 높이는 데 중요한 역할을 합니다.

나. 글로벌 시장의 기회

스마트 농수산업의 기술적 혁신은 글로벌 시장에서 다음과 같은 기회를 제공합니다.

- **기술 수출:** 정밀 농업, 스마트 양식, 데이터 분석 등 스마트 농수산업의 기술은 해외 시장에서도 수요가 증가하고 있습니다. 기술 수출은 새로운 수익원을 창출하는 데 기여합니다.
- **글로벌 파트너십:** 해외 기업과의 협력은 기술 교류와 공동 연구 개발의 기회를 제공합니다. 이를 통해 새로운 시장에 진입할 수 있는 기회를 확보할 수 있습니다.
- **시장 요구 충족:** 다양한 지역의 소비자 요구를 충족시키기 위해 현지화된 제품과 서비스를 제공할 수 있습니다. 이는 글로벌 시장에서의 경쟁력을 높이는 데 중요한 요소입니다.

제2항. 국제 규정과 무역 장벽

가. 국제 규정 이해와 준수

스마트 농수산업의 글로벌 시장 진출을 위해서는 국제 규정과 표준을 이해하고 준수하는 것이 필수적입니다. 주요 규정은 다음과 같습니다.

- **식품 안전 규제:** 각국의 식품 안전 규제는 농수산물의 품질과 안전성을 보장하기 위해 설정된 법규입니다. 예를 들어, 유럽연합(EU)의 식품 안전 규정이나 미국 식품의약국(FDA)의 규제는 해외 진출 시 필수적으로 준수해야 하는 규정입니다.
- **환경 규제:** 국제적으로 환경 보호와 지속 가능한 개발을 촉진하기 위해 다양한 환경 규제가 존재합니다. 기업은 환경 규제를 준수하고, 지속 가능한 생산 방식과 환경 친화적인 기술을 도입해야 합니다.
- **무역 협정:** 자유무역협정(FTA) 및 기타 무역 협정은 무역 장벽을 낮추고, 관세 혜택을 제공하여 해외 시장 진출을 용이하게 합니다. 이러한 협정의 내용을 이해하고 활용하는 것이 중요합니다.

나. 무역 장벽과 해결 방안

글로벌 시장에 진출할 때, 다양한 무역 장벽이 존재할 수 있습니다. 주요 장벽과 해결 방안은 다음과 같습니다.

- **관세와 비관세 장벽:** 관세는 수출입 제품에 부과되는 세금으로, 무역 비용을 증가시킬 수 있습니다. 비관세 장벽은 품질 기준, 인증 절차

등으로, 무역 장벽을 더욱 복잡하게 만듭니다. 이를 해결하기 위해서는 각국의 무역 정책을 면밀히 분석하고, 관련 인증을 획득하는 것이 필요합니다.

- **문화적 차이:** 다양한 문화적 배경과 소비자 선호도는 글로벌 시장에서의 도전 과제가 될 수 있습니다. 이를 극복하기 위해서는 시장 조사와 소비자 분석을 통해 현지화 전략을 수립하고, 문화적 차이를 이해하며 제품을 맞춤화해야 합니다.
- **로지스틱스와 유통:** 글로벌 물류와 유통 문제는 무역의 중요한 요소입니다. 이를 해결하기 위해서는 효율적인 물류 시스템을 구축하고, 현지 유통 네트워크를 확보하는 것이 필요합니다.

제3항. 글로벌 네트워크 구축

가. 글로벌 파트너십 형성

성공적인 글로벌 시장 진출을 위해서는 강력한 글로벌 네트워크를 구축하는 것이 중요합니다.

- **현지 파트너와 협력:** 현지 파트너와의 협력은 시장 진입 장벽을 낮추고, 현지 시장에 대한 이해를 높이는 데 도움이 됩니다. 현지 파트너는 지역적인 네트워크와 경험을 갖추고 있어, 시장 진입 전략을 효과적으로 지원할 수 있습니다.
- **전략적 제휴:** 기술 기업, 유통업체, 연구 기관 등과의 전략적 제휴는 글로벌 시장에서의 경쟁력을 강화하는 데 도움이 됩니다. 이러한 제

휴는 기술 개발, 제품 혁신, 시장 확대에 기여할 수 있습니다.

- **해외 진출 지원 기관 활용:** 각국의 무역 촉진 기관, 상공회의소, 경제 개발 기관 등은 해외 진출을 지원하는 다양한 서비스를 제공합니다. 이러한 기관의 지원을 활용하여 시장 정보를 얻고, 진출 전략을 수립할 수 있습니다.

나. 성공적인 비즈니스 모델 사례

성공적인 글로벌 시장 진출을 위한 비즈니스 모델은 다음과 같은 요소를 포함합니다.

- **현지화 전략:** 제품과 서비스의 현지화는 글로벌 시장에서 성공하기 위한 핵심 요소입니다. 현지 문화와 소비자 요구를 반영한 제품 디자인과 마케팅 전략은 시장 진입 성공의 중요한 요인입니다.
- **디지털 플랫폼 활용:** 디지털 플랫폼을 활용한 글로벌 마케팅과 판매는 비용 효율적이고 빠른 시장 접근을 가능하게 합니다. 온라인 쇼핑몰, 소셜 미디어, 디지털 광고 등을 활용하여 글로벌 고객층을 확보할 수 있습니다.
- **지속 가능한 개발:** 지속 가능한 개발을 추구하는 비즈니스 모델은 환경적 책임을 다하고, 장기적인 신뢰를 구축하는 데 도움이 됩니다. 지속 가능한 생산 방식과 환경 보호 노력을 통해 글로벌 시장에서 긍정적인 이미지를 구축할 수 있습니다.

제4항. 요약 정리

가. 결론

스마트 농수산업의 글로벌 시장 확장과 무역은 기업의 성장과 경쟁력 강화를 위해 중요한 전략적 접근입니다. 국제 규정과 무역 장벽을 이해하고 준수하며, 효과적인 글로벌 네트워크를 구축하는 것이 필수적입니다. 또한, 성공적인 비즈니스 모델과 현지화 전략, 디지털 플랫폼 활용, 지속 가능한 개발은 글로벌 시장에서의 성공을 위한 핵심 요소입니다. 글로벌 시장에서의 성공은 기술 혁신과 함께 전략적 접근, 현지 파트너와의 협력, 시장 요구에 대한 이해를 통해 이루어질 수 있습니다.

나. 추가 학습 질문

Q1: 글로벌 시장에 진출하기 위해 스마트 농수산업 기업이 국제 규정과 무역 장벽을 극복하는 방법은 무엇인가요?

Q2: 성공적인 글로벌 네트워크 구축을 위한 전략적인 제휴와 파트너십 형성 방법에 대해 설명해 주세요.

Q3: 디지털 플랫폼을 활용한 글로벌 마케팅 전략이 농수산업의 해외 시장 확장에 어떻게 기여할 수 있는지 논의해 보세요.

혁신적 파트너십과 협력 모델

스마트 농수산업의 혁신은 단일 기업의 노력만으로는 이루어지기 어려운 복잡한 과정입니다. 최신 기술을 기반으로 한 혁신적인 솔루션은 다양한 이해관계자 간의 협력을 통해 더욱 효과적으로 실현됩니다. 이 절에서는 혁신을 실현하기 위한 파트너십 모델과 협력 사례를 소개하며, 기업 간 협력, 연구 기관과의 협업, 업계 네트워크 형성을 통해 혁신을 촉진하는 방법을 논의하고, 성공적인 협력 사례를 통해 효과적인 파트너십 전략을 제시하겠습니다.

제1항. 혁신적 파트너십의 중요성

스마트 농수산업의 혁신은 단일 기술이나 솔루션이 아닌, 다양한 기술의 융합과 협업을 통해 이루어집니다. 농업과 수산업의 스마트화는 기술적 도전과 복잡성을 동반하며, 이러한 문제를 해결하기 위해서는 다양한 분야의 전문가와 자원의 결합이 필수적입니다.

가. 기술 융합

스마트 농수산업은 데이터 분석, IoT, 인공지능, 자동화 기술 등 다양한 기술이 융합된 결과물입니다. 이러한 기술들은 서로 다른 전문성을 필요로 하며, 이를 위해 다양한 분야의 협력이 필요합니다.

나. 자원 공유

혁신적인 솔루션 개발에는 대규모 자금과 인프라, 연구 데이터가 필요합니다. 이러한 자원들은 개별 기업이 단독으로 소유하기 어려운 경우가 많으며, 협력을 통해 자원을 공유하고 활용하는 것이 효율적입니다.

다. 문제 해결

농수산업의 복잡한 문제를 해결하기 위해서는 다양한 시각과 접근 방식이 필요합니다. 협력은 문제 해결에 필요한 다양한 시각과 전문 지식을 통합할 수 있는 기회를 제공합니다.

제2항. 기업 간 협력 모델

가. 전략적 제휴

기업 간 전략적 제휴는 스마트 농수산업의 혁신을 촉진하는 중요한 협력 모델입니다. 이러한 제휴는 기술 개발, 시장 확대, 자원 공유 등 다양한 측면에서 협력합니다.

- **기술 공동 개발:** 두 개 이상의 기업이 공동으로 기술을 개발하는 방식입니다. 예를 들어, 농업 장비 제조사와 데이터 분석 기업이 협력

하여 스마트 농업 솔루션을 개발할 수 있습니다. 이러한 협력은 기술 개발의 위험을 분산시키고, 개발 기간을 단축시킬 수 있습니다.

- **시장 접근:** 전략적 제휴를 통해 서로의 시장에 진입할 수 있습니다. 예를 들어, 한 기업이 국내 시장에서 성공적인 솔루션을 보유하고 있는 경우, 다른 기업이 이를 해외 시장에 확장하는 형태의 협력이 이루어질 수 있습니다.
- **자원 및 인프라 공유:** 두 기업이 자원이나 인프라를 공유하여 비용을 절감하고 효율성을 높이는 방식입니다. 예를 들어, 공동 연구개발 센터를 설립하여 장비와 인프라를 공유할 수 있습니다.

나. 벤처 협력

벤처 협력은 혁신적인 스타트업과 대기업 간의 협력을 통해 새로운 기술과 비즈니스 모델을 개발하는 방식입니다.

- **스타트업 지원:** 대기업이 스타트업에 자금과 자원을 제공하여 기술 개발을 지원합니다. 이와 같은 협력은 스타트업이 시장에 진입할 수 있는 기회를 제공하며, 대기업은 최신 기술을 빠르게 도입할 수 있습니다.
- **파일럿 프로젝트:** 스타트업과 대기업이 공동으로 파일럿 프로젝트를 진행하여 기술의 상용화 가능성을 검증합니다. 이 과정에서 얻은 데이터와 피드백은 기술 개선에 도움이 됩니다.
- **상호 이익:** 스타트업은 대기업의 자원과 시장 접근을 활용하여 빠르게 성장할 수 있으며, 대기업은 혁신적인 기술을 도입하여 경쟁력을

강화할 수 있습니다.

제3항. 연구 기관과의 협업

가. 연구 및 개발 협력

연구 기관과의 협력은 스마트 농수산업의 기술 개발과 혁신을 가속화하는 데 중요한 역할을 합니다. 연구 기관은 깊이 있는 연구와 실험을 수행하며, 기업은 이를 상용화하는 과정에서 협력합니다.

- **기술 연구:** 연구 기관과 기업이 공동으로 기술 연구를 수행하여 최신 기술을 개발합니다. 예를 들어, 대학 연구팀이 스마트 센서 기술을 연구하고, 기업이 이를 상용화하여 농수산업에 적용하는 형태입니다.
- **실험 및 검증:** 새로운 기술이나 솔루션을 실험하고 검증하는 과정에서 연구 기관의 전문성이 필요합니다. 연구 기관은 기술의 실효성과 안정성을 평가하고, 기업은 이를 시장에 도입하는 역할을 합니다.
- **지식 교류:** 연구 기관과 기업 간의 지식 교류는 기술 발전에 중요한 기여를 합니다. 연구 결과와 최신 연구 동향을 공유함으로써 혁신의 기회를 확대할 수 있습니다.

나. 공동 연구 프로젝트

공동 연구 프로젝트는 연구 기관과 기업이 특정 과제를 해결하기 위해 협력하는 방식입니다.

- **정부 지원 프로젝트:** 정부나 국제 기관에서 지원하는 연구 프로젝트에 참여하여 공동으로 기술 개발을 진행합니다. 이러한 프로젝트는 자금 지원과 연구 인프라를 제공받을 수 있습니다.
- **산학협력:** 대학과 기업 간의 산학협력은 교육과 연구를 통해 기술 혁신을 촉진합니다. 대학은 연구 인력과 학문적 자원을 제공하고, 기업은 실제 산업 요구에 맞춘 기술 개발을 수행합니다.
- **기술 이전:** 연구 기관에서 개발된 기술을 기업에 이전하여 상용화하는 방식입니다. 기업은 기술 이전을 통해 빠르게 혁신 기술을 도입할 수 있습니다.

제4항. 업계 네트워크 형성

가. 산업 협회와 클러스터

산업 협회와 클러스터는 업계 네트워크를 형성하고, 협력 기회를 제공합니다. 이러한 네트워크는 산업의 발전과 혁신을 촉진하는 데 중요한 역할을 합니다.

- **산업 협회:** 업계의 이익을 대표하고, 회원사 간의 협력을 촉진하는 역할을 합니다. 협회는 기술 동향, 규제 변화, 시장 정보 등을 제공하며, 네트워킹 기회를 제공합니다.
- **클러스터:** 특정 산업 분야의 기업, 연구 기관, 정부 기관 등이 집합하여 협력하는 형태입니다. 클러스터는 지리적, 산업적 근접성을 활용하여 혁신을 촉진하고, 공동의 목표를 달성합니다.

- **네트워킹 이벤트:** 업계 행사나 컨퍼런스는 기업과 연구자 간의 네트워킹 기회를 제공합니다. 이러한 이벤트에서는 최신 기술 동향을 공유하고, 협력 가능성을 모색할 수 있습니다.

나. 글로벌 협력

글로벌 협력은 해외의 기업, 연구 기관, 정부 기관과의 협력을 통해 이루어집니다.

- **국제 협력 프로젝트:** 국제적으로 진행되는 연구나 기술 개발 프로젝트에 참여하여 글로벌 네트워크를 확장합니다. 이를 통해 다양한 국가의 기술과 시장 정보를 확보할 수 있습니다.
- **해외 진출:** 해외 시장에 진출하고, 현지 기업과 협력하여 글로벌 시장에서의 경쟁력을 강화합니다. 해외 파트너와의 협력은 현지 시장에 대한 이해를 높이고, 시장 접근을 용이하게 합니다.
- **글로벌 표준 준수:** 글로벌 협력을 통해 국제 표준을 준수하며, 기술의 상용화와 시장 진입을 지원합니다. 글로벌 표준은 품질 보증과 신뢰성을 높이는 데 기여합니다.

제5항. 요약 정리

가. 결론

스마트 농수산업의 혁신을 실현하기 위해서는 기업 간 협력, 연구 기관과의 협업, 업계 네트워크 형성 등 다양한 파트너십 모델이 필요합니다.

기업 간 전략적 제휴와 벤처 협력은 기술 개발과 시장 확대에 기여하며, 연구 기관과의 협업은 기술 혁신과 연구 지원을 제공합니다. 또한, 산업 협회와 클러스터, 글로벌 협력을 통해 네트워크를 형성하고, 협력 기회를 확대할 수 있습니다. 이러한 혁신적 파트너십과 협력 모델은 스마트 농수산업의 미래를 여는 열쇠가 될 것입니다.

나. 추가 학습 질문

Q1: 기업 간 협력을 통해 스마트 농수산업에서 혁신을 촉진하는 방법에는 어떤 것들이 있으며, 그 효과는 무엇인가요?

Q2: 연구 기관과의 협업이 스마트 농수산업의 기술 개발에 어떻게 기여하는지 구체적인 사례를 들어 설명해 주세요.

Q3: 글로벌 네트워크 형성이 스마트 농수산업의 국제 시장 진출에 어떻게 도움이 되는지, 구체적인 전략과 사례를 통해 논의해 보세요.

에필로그

『유비쿼터스 스마트 농수산업』이라는 책의 마지막 페이지를 넘기며, 우리는 한 걸음 더 나아가는 여정을 마무리하려 합니다. 이 책이 제공하는 정보와 통찰이 여러분의 농수산업 창업과 경영에 실질적인 도움이 되기를 바라며, 그 여정이 끝이 아닌 새로운 시작이 되기를 간절히 기원합니다.

이 책을 시작하면서, 우리는 스마트 농수산업이라는 개념의 본질을 탐구했습니다. 농수산업은 우리의 삶과 직결된 중요한 분야입니다. 그러나 전통적인 방법만으로는 이제 더 이상 이 산업의 지속 가능성을 보장할 수 없습니다. 우리가 처한 환경적, 경제적 도전 과제는 과거의 방식으로 해결할 수 없음을 깨달어야 합니다. 그러므로 이 책에서 소개한 최신 기술과 혁신적 접근법은 단순한 선택이 아니라 필수적입니다.

우리는 데이터 기반 의사 결정의 중요성을 다루었습니다. 농수산업의 성공은 이제 숫자와 데이터에 의해 좌우됩니다. 과거의 경험과 직관도 중요하지만, 오늘날의 데이터 분석 기술은 더 명확하고 정확한 길을 제시합니다. KPI 설정과 성과 분석을 통해 우리는 더 나은 결정을 내리고, 더 효율적인 운영을 이룰 수 있습니다.

디지털 마케팅과 브랜드 구축은 현대 비즈니스의 핵심입니다. 농수산업도 예외는 아닙니다. 소셜 미디어와 검색 엔진 최적화(SEO), 콘텐츠 마케팅을 통해 시장에서의 입지를 다지는 것이 중요합니다. 이러한 디지털 전략들은 농수산업의 비즈니스 모델에 신선한 바람을 불어넣고, 소비자와의 관계를 강화하며, 브랜드의 가치를 높이는 데 큰 역할을 합니다.

위기 관리와 리스크 대응의 중요성 또한 간과할 수 없습니다. 위기는 예고 없이 찾아오며, 그에 대한 신속하고 효과적인 대응이 필수적입니다. 비상 대응 계획과 리스크 평가 방법을 통해 위기 상황에서도 안정성을 유지하고, 지속 가능한 성장을 이룰 수 있는 방법을 제시했습니다.

또한, 기후 변화와 환경적 도전은 모든 산업이 직면한 문제입니다. 자원 부족, 기온 상승 등의 문제를 해결하기 위한 기술적 접근과 정책적 대응 방안을 제시했습니다. 환경을 보호하면서도 생산성을 유지하는 방법은 우리 모두의 책임이자 과제입니다.

이 책을 통해 우리는 스마트 농수산업의 다양한 측면을 조망하고, 성공적인 창업과 경영을 위한 전략과 통찰을 제공했습니다. 그러나 이 여정은 여기서 끝나지 않습니다. 농수산업의 미래는 계속해서 변화하고 있습니다. 새로운 기술과 접근 방식이 계속해서 등장할 것이며, 이를 수용하고 활용하는 것이 중요합니다.

이 책이 여러분의 창업 여정에 도움이 되기를 바라며, 농수산업의 미래를 함께 열어 가는 데 큰 역할을 하기를 기대합니다. 여러분의 비즈니스가 지속 가능하고, 혁신적이며, 성공적인 미래를 맞이하길 기원합니다. 이 여정에서 여러분과 함께할 수 있어 영광이었습니다. 이제 새로운 장을 여는 열쇠를 들고, 스마트 농수산업의 미래를 향해 힘차게 나아가십시오. 여러분의 꿈과 열정이 새로운 가능성을 열어가는 데 큰 도움이 되기를 진심으로 바랍니다.

마지막으로, 이 책을 쓰는 과정에서 저자는 OpenAI의 ChatGPT 3.5와의 협업을 통해 더 좋은 자연어 생성을 위한 기술적 지원을 받았음을 밝히고자 합니다. ChatGPT 3.5의 기술적 지원을 통해 저자는 콘텐츠를 더욱더 풍부하게 구성하고, 복잡한 주제를 깊이 있게 다룰 수 있었습니다. 그러나 ChatGPT 기술은 인간 작가의 창작 활동을 보완하는 도구로 활용되었을 뿐이며, 인간 작가의 글쓰기 역량, 그리고 좋은 글쓰기를 위한 비전과 통찰력, 그리고 선한 영향력을 전달하고자 하는 작가의 충실한 노력의 창작물임을 강조합니다. 감사합니다.

부록

스마트 농수산업 창업 지원 리소스

Ubiquitous Smart Agriculture

정부기관

1. 농림축산식품 (MAFRA)

- 웹사이트: https://www.mafra.go.kr/
- 설명: 농업 정책, 지원 사업 및 자금 지원 정보를 제공합니다.

2. 해양수산부(MOF)

- 웹사이트: https://www.mof.go.kr/
- 설명: 해양 및 수산업 관련 정책과 지원 프로그램을 안내합니다.

3. 중소벤처기업부(MSME)

- 웹사이트: https://www.mss.go.kr/
- 설명: 중소기업 및 스타트업을 위한 지원 프로그램과 자금을 제공합니다.

4. 산업통상자원부(MOTIE)

- 웹사이트: https://www.motie.go.kr/
- 설명: 산업 발전 및 기업 지원 관련 정책과 지원 정보를 제공합니다.

5. 환경부(ME)

- 웹사이트: https://www.me.go.kr/
- 설명: 환경 보호와 관련된 정책 및 지원을 안내합니다.

6. 농촌진흥청(RDA)

- 웹사이트: https://www.rda.go.kr/
- 설명: 농촌 발전 및 농업 기술 혁신에 관한 정보를 제공합니다.

7. 국립수산과학원(NIFS)

- 웹사이트: https://www.nifs.go.kr
- 설명: 해양수산 연구를 통한 정책 지원 및 현장기술을 보급합니다.

8. 국립농산물품질관리원(NAPQ)

- 웹사이트: https://www.naqs.go.kr/
- 설명: 농산물 품질 관리와 관련된 지원을 안내합니다.

9. 한국수출입은행(KEXIM)

- 웹사이트: https://www.koreaexim.go.kr/
- 설명: 수출입 금융 지원 및 관련 정보를 제공합니다.

공공기관

1. 한국농어촌공사(KRC)

- 웹사이트: https://www.ekr.or.kr/
- 설명: 농어촌 개발 및 관련 지원 사업을 안내합니다.

2. 한국수산자원공단(FIRA)

- 웹사이트: https://www.fira.or.kr/
- 설명: 수산 자원 관리 및 개발에 관한 정보와 지원을 제공합니다.

3. 한국농수산식품유통공사(aT)

- 웹사이트: https://www.at.or.kr/
- 설명: 농수산식품의 유통 및 마케팅 관련 지원을 제공합니다.

4. 한국농업기술진흥원(KOAT)

- 웹사이트: http://koat.or.kr
- 설명: 농업 기술 개발과 관련된 지원을 제공합니다.

5. 중소기업기술정보진흥원(TIPA)

- 웹사이트: https://www.tipa.or.kr/
- 설명: 기술 기반 중소기업을 위한 정보와 지원을 제공합니다.

6. 기술보증기금(TIPS)

- 웹사이트: https://www.kibo.or.kr/
- 설명: 기술 창업 기업에 대한 보증과 자금을 지원합니다.

7. 중소벤처기업진흥공단(KOSME)

- 웹사이트: https://www.kosmes.or.kr/
- 설명: 중소기업 창업과 성장을 위한 다양한 지원 프로그램을 안내합니다.

8. 한국산업기술진흥원(KIAT)

- 웹사이트: https://www.kiat.or.kr/
- 설명: 산업 기술 개발과 지원을 담당합니다.

정부기관 연구단체

1. 한국해양수산과학기술진흥원(KIMST)

- 웹사이트: https://www.kimst.re.kr/
- 설명: 해양과 수산업 관련 연구와 정책 개발을 지원합니다.

2. 한국해양수산개발원(KMI)

- 웹사이트: https://www.kmi.re.kr/
- 설명: 해양과 수산업 관련 연구와 정책 개발을 지원합니다.

3. 한국농촌경제연구원(KREI)

- 웹사이트: https://www.krei.re.kr/
- 설명: 농촌 경제와 관련된 연구와 정책 개발을 지원합니다.

4. 한국해양과학기술원(KIOST)

- 웹사이트: https://www.kiost.ac.kr/

- 설명: 해양과학 기술 연구와 혁신을 지원합니다.

5. 한국식품연구원(KFRI)

- 웹사이트: https://www.kfri.re.kr/
- 설명: 식품 기술 연구와 관련된 정보와 지원을 제공합니다.

6. 국립한국농수산대학교(KNUAF)

- 웹사이트: https://www.af.ac.kr/
- 설명: 농수산업 창업과 경영을 위한 전문인력을 교육. 양성합니다.

농수산업관련 단체

1. 한국후계농업경영인중앙연합회(KAFF)

- 웹사이트: http://www.kaff.or.kr/
- 설명: 농업 경영 관련 연구와 지원을 제공합니다.

2. 전국농업기술자협회(KAFA)

- 웹사이트: http://www.kafarmer.or.kr/
- 설명: 농업 기술자 및 관련 정보를 제공합니다.

3. 한국수산업경영인중앙연합회(KFAF)

- 웹사이트: http://www.hsy.or.kr/
- 설명: 수산업 경영 관련 정보와 지원을 제공합니다.

4. 한국해양수산산업총연합회(FKMI)

- 웹사이트: https://www.fkmi.or.kr/
- 설명: 해양수산업 관련 산업 정보를 제공합니다.

5. 한국식품산업협회(KFIA)

- 웹사이트: https://www.kfia.or.kr/

- 설명: 식품 산업 관련 정보와 지원을 제공합니다.

6. 한국산업단지공단(KICOX)

- 웹사이트: https://www.kicox.or.kr/
- 설명: 산업단지 개발과 관련된 정보와 지원을 제공합니다.

유비쿼터스 스마트 농수산업

초판 1쇄 발행 2024년 10월 15일

지은이 이정완
펴낸이 이기봉
편집 좋은땅 편집팀
펴낸곳 도서출판 좋은땅
주소 서울특별시 마포구 양화로12길 26 지월드빌딩 (서교동 395-7)
전화 02)374-8616~7
팩스 02)374-8614
이메일 gworldbook@naver.com
홈페이지 www.g-world.co.kr

ISBN 979-11-388-3582-4 (03520)